Günter / Hermsen / Neuhaus

Feuerwehr-Einsatzleiter-Taschenbuch

Infos und Checklisten für Führungskräfte ab Gruppenführer

10. Auflage

Storck Verlag Hamburg

Bibliografische Informationen der Deutschen Nationalbibliothek

Die Deutsche Nationalbibliothek verzeichnet diese Publikation in der Deutschen Nationalbibliografie; detaillierte bibliografische Daten sind im Internet über <http://dnb.de> abrufbar.

Bei der Herstellung des Werkes haben wir uns zukunftsbewusst für umweltverträgliche und wiederverwertbare Materialien entschieden. Der Inhalt ist auf chlorfreiem Papier gedruckt.

ISBN 978-3-86897-464-5

E-Mail: kundenbetreuung@ecomed-storck.de

Telefon: +49 89/2183-7928
Telefax: +49 89/2183-7620

www.ecomed-storck.de

Titelbild: © John – stock.adobe.com
Satz: Fotosatz Buck, 84036 Kumhausen
Druck: GOTTESWINTER FIBODRUCK, 80807 München

Geleitwort zur 10. Auflage

Einsatz ist nicht gleich Einsatz, dies kann wohl jeder Feuerwehrangehörige bestätigen. Auch kommen die Einsätze nicht nur dann, wenn man gerade in Höchstform ist. Oft überlegt man nach dem Einsatz, ob alles so gelaufen ist, wie es hätte laufen können.

Dieses Buch soll als eine Art „Roter Faden" dabei helfen, Einsätze auch unter ungünstigen Umständen strukturiert abzuarbeiten. Das Format ist so gewählt, dass es jeder Feuerwehrangehörige jederzeit bei sich tragen kann.

Dieses Werk ist kein Lehrbuch, es kann und soll weder eine solide „handwerkliche" Ausbildung noch eine Führungsausbildung ersetzen; es ist eine praktische Hilfe für jeden Tag. Die in diesem Werk aufgeführten Stichworte, Skizzen und Tabellen sollen den Benutzer bei der Abarbeitung eines Einsatzes unterstützen. Die Angaben wurden von den Autoren nach bestem Wissen und Erfahrungen gemacht, was nicht heißt, dass die gemachten Angaben jederzeit gültig sind oder nicht auch weitere Aspekte zu berücksichtigen wären. Eine Haftung durch Tun oder Unterlassen auf Grundlage der in diesem Buch gemachten Angaben oder Hinweise ist ausgeschlossen.

Der Nutzer muss sich vor Gebrauch unbedingt mit den Inhalten vertraut machen. Er muss für ihn Unverständliches im Vorfeld anhand von Fachbüchern und Lehrunterlagen klären bzw. erforderliche Angaben ergänzen.

Zu den ersten neun Auflagen haben wir von vielen der über 40.000 Nutzer Rückmeldungen bekommen. Oft werden wir auf Themen hingewiesen, um die dieses Werk ergänzt werden sollte. Einige Male haben wir diese Anregungen aufgenommen. Meistens jedoch haben wir von einer Erweiterung des Einsatzleiter-Taschenbuches abgesehen, da sonst ein unübersichtliches dickes Buch entstehen würde. Dies würde unserer Idee widersprechen, ein Taschenbuch zu schaffen, das man ständig bei sich tragen kann, um jederzeit darauf zurückgreifen zu können.

Auch weiterhin freuen wir uns über jeden Hinweis, der sich aus Erfahrungen ergibt und der uns hilft, dieses Werk weiter zu verbessern. Denn nur durch ständige Anpassungen gelingt es uns, dieses Buch auf dem neuesten Stand zu halten.

Markus Günter, Düsseldorf
seit 1988 BF Düsseldorf

Dipl.-Ing. Martin Neuhaus, Ratingen
seit 1985 FF Ratingen
von 1996 bis 2005 FW Gladbeck
seit 2005 WF BP Gelsenkirchen

Rolf Hermsen, Linne (NL)
seit 1979 FF Herzogenrath
1988 Flughafen-FW Frankfurt
seit 1989 BF Düsseldorf

229 = Querverweis zu Tafel

schwarz / rot / blau / grün = Kapitel, in dem der Querverweis zu finden ist

violett = zu delegierende Aufgabe

1. graue Hinterlegung = auf der Anfahrt zu erledigen

⇒ ? Objektpläne ?

⇒ Einweisung nachrückender Kräfte
- Bereitstellungsraum 104
- Wasserversorgung 229, 230 / Einspeisung

1. weiße Hinterlegung = Angaben, die zu erkunden sind

⇒ ? Personen in Gefahr ?

⇒ ? Besondere Gefahren ? (Strahlung 403, 404, 405, BIO 407, 408, Gase 415, Gasflaschen / -leitungen 421, 422, chemische Gefahren 409, MRT-Anlagen)

⇒ ! Angriff von außen prüfen, um Verrauchung von Fluren und Rettungswegen zu verhindern !

⇒ ? Haustechniker vor Ort ? Klinikleitung ?

2. graue Hinterlegung = zu ergreifende Maßnahmen

⇒ ! Klima und Lüftungsanlage ausschalten !

⇒ ! Aufzüge kontrollieren und stillsetzen !

⇒ Geschosse kontrollieren (Versorgungs- und Aufzugsschächte etc. !)

⇒ ! Sicherheitstrupp 116 + Atemschutzüberwachung !

⇒ ? Horizontale Evakuierung 115 ?

⇒ Zu- und Abfahrten festlegen

⇒ Bei Stationsräumung pro Bett 1 Helfer. Mit zusätzlichen Kräften Türen besetzen

2. weiße Hinterlegung = nachgeordnete Maßnahmen oder zu verständigende Stellen

⇒ AL Betreuung, PSU

⇒ MANV 112, 113, SEG, LNA

⇒ Presse 114

⇒ ? Sofortmeldung ? 117

Möglicherweise relevante Querverweise nach Kapiteln sortiert

⇒ MRT = Magnetresonanztomographie

⇒ Dachstuhl 205, Keller 217, Taktische Ventilation 225

KRANKENHAUS / HEIME | **218**

Titel der Tafel
Farbe rot = Brandbekämpfung
218 = Nummer der Tafel

Hinweise zum Gebrauch

INHALT 01

INHALT 02

INHALT 03

INHALT 04

INHALT 05

INHALT 06

INHALT 07

INHALT 08

Teil 100
Allgemeines

AFFF	Wasserfilmbildendes Schaummittel
AL	Abschnittsleiter
ATF	Analytische Task Force
BMZ	Brandmeldezentrale
BP	Bundespolizei
Dekon	Dekontamination
DLM	Dosisleistungsmesser
DLW	Dosisleistungswarner
EL	Einsatzleiter
EVU	Energieversorgungsunternehmen
GFK	Glasfaserverstärkter Kunststoff
GGVSEB	Gefahrgutverordnung Straße, Eisenbahn und Binnenschifffahrt
GSG	Gefährliche Stoffe und Güter
IMS	Ionen-Mobilitäts-Spektrometer
KRHS	Krankenhaus
LNA	Leitender Notarzt
MANV	Massenanfall von Verletzten
Orgl Rett	Organisatorischer Leiter Rettungsdienst
PID	Photoionisationsdetektor
PSU	Psychosoziale Unterstützung
RWA	Rauch- und Wärmeabzugsanlage
TUIS	Transport-Unfall-Informations- und Hilfeleistungssystem
TV	Taktische Ventilation
UEG	untere Explosionsgrenze
VZ	Verschäumungszahl (Schaumrohr)
ZM	Zumischung Schaummittel

⇒ ! Eigenschutz ! Hohe Wärmeentwicklung !

⇒ Fahrzg. Identifikation, Kennz. → Leitstelle

⇒ AUTO Regel → Austretende Betriebsstoffe / Unterboden / Tankdeckel / Oberflächen

⇒ Gasantrieb

	Beschreibung	Dichte	Besonderheiten
LNG	verfl. Erdgas	↑	tiefkalt, große Wärmeentwicklung
CNG	verdichtetes Erdgas	↑	Druckbhälter 200 bar
LPG	Flüssiggas Propan/Butan	↓	fließt wie Wasser
H2	Wasserstoff verdichtet oder tiefkalt	↑	Druckbehälter 700 bar oder tiefkalt verflüssigt Flamme unsichtbar

⇒ ? Leckage ? → Ex-Warngerät, WBK, Lüfter, Zufuhr absperren, LPG → ? Kanal, Keller ?

⇒ Brand → Lage Sicherheitsventil beachten

⇒ Elektroantrieb

⇒ ? Hochvoltanlage (Orange) beschädigt ?

⇒ ! Hochvoltanlage trennen → Rettungsdatenblatt

⇒ ? Not-Aus ? → ! betätigen !

⇒ ? Gasaustritt durch Reaktion ?

⇒ ? Wärmeentwicklung ? → WBK

⇒ Fahrzeugbrand → großer Löschmittelbedarf

⇒ Gelöschtes Fahrzeug → ggf. Mulde voll Wasser

⇒ Brandgefahr auch Stunden nach Erwärmung

⇒ VU-PKW 314, Autobahn 103, Fahrzeug (Feuer) 208

ALTERNATIVE ANTRIEBE | 101

Behörden leisten einander Amtshilfe (Artikel 35 Grundgesetz)

Die Regelungen sind in Landesgesetzen näher definiert, im Allgemeinen gilt (Verwaltungsverfahrensgesetze):

Amtshilfe wird in Anspruch genommen, wenn

1. aus rechtlichen Gründen die Amtshandlung nicht selbst vorgenommen werden kann
2. die zur Durchführung benötigten Dienstkräfte oder Einrichtungen fehlen
3. die ersuchende Behörde zur Durchführung ihrer Aufgaben auf die Kenntnis von Tatsachen angewiesen ist, die sie selbst nicht ermitteln kann
4. Urkunden oder sonstige Beweismittel benötigt werden, die sich im Besitz der ersuchten Behörde befinden
5. eine andere Behörde die Amtshandlung mit wesentlich geringerem Aufwand durchführen kann.

Die ersuchte Behörde darf nicht Hilfe leisten, wenn sie

1. hierzu aus rechtlichen Gründen nicht in der Lage ist
2. durch die Hilfeleistung dem Wohl des Bundes oder eines anderen Landes erhebliche Nachteile bereiten würde.

Die ersuchte Behörde braucht nicht Hilfe zu leisten, wenn

1. eine andere Behörde die Hilfe wesentlich einfacher oder mit wesentlich geringerem Aufwand leisten kann
2. sie die Hilfe nur unter unverhältnismäßig großem Aufwand leisten könnte
3. sie durch die Hilfeleistung ihre eigenen Aufgaben ernstlich gefährden würde.

Die ersuchende Behörde trägt die Verantwortung für die Rechtmäßigkeit der zu treffenden Maßnahmen.

Die ersuchte Behörde trägt die Verantwortung der Durchführung der Maßnahmen.

AMTSHILFE | 102

- ⇒ ? Objektplan ?
- ⇒ ? Fahrtrichtung ?
- ⇒ Möglichst aus zwei Richtungen anfahren, da Meldungen meist ungenau
- ⇒ Großfahrzeuge (z.B. Kran) erst nach Erkundung auf BAB fahren lassen
- ⇒ Bereitstellungsraum außerhalb BAB
- ⇒ Falls BAB schon gesperrt ist, gegen die Fahrtrichtung anfahren (nur nach Absprache mit Autobahnpolizei) !
- ⇒ Absicherung 600 m – 800 m (wenn Verkehr noch läuft)
- ⇒ Großfahrzeuge als Prellbock
- ⇒ Warnwesten (Warnwirkung ist tagsüber besser als HuPF-Kleidung)
- ⇒ Platz für RTW, NEF, RW, Kran etc.
- ⇒ Böschungen und Randstreifen nach evtl. herausgeschleuderten Personen absuchen (mit Wärmebildkamera)
- ⇒ Einweisung nachrückender Kräfte
- ⇒ Gullys eventuell nicht ans Kanalnetz angeschlossen → Abfluss direkt in die Natur

⇒ MANV 112, Fahrzeug (Feuer) 208, VU – Allgemein 312, ABC – Allgemein 400

AUTOBAHN	**103**

⇒ **Abschnittsleiter Bereitstellungsraum benennen**

⇒ **Freie An- und Abfahrt muss gegeben sein**

⇒ **! Möglichst Einbahnverkehr !**

⇒ **Kfz müssen einzeln abrücken können**

⇒ **Rettungsdienst- / Feuerwehrfahrzeuge getrennt aufstellen**

⇒ **Rettungsdienstfahrzeuge nach Standort und Typ ordnen**

⇒ **Kräfte und Zeiten erfassen !**

⇒ **Eigenen Funkkanal / eigene Funkgruppe für das Heranführen der Kräfte einrichten**

⇒ **Bei Großschadenslagen muss entsprechende Infrastruktur gegeben sein (WC, Betriebsstoffe, Betreuung, Verpflegung etc.)**

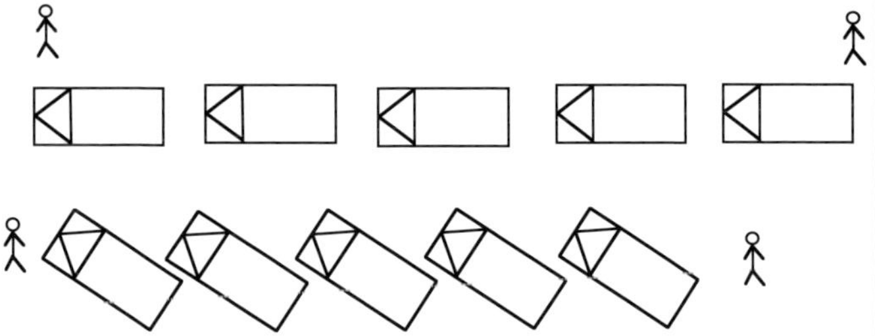

BEREITSTELLUNGSRAUM | 104

	Deutsch	NATO		Deutsch	NATO
A	Anton	Alfa	**O**	Otto	Oscar
Ä	Ärger	–	**Ö**	Ökonom	–
B	Berta	Bravo	**P**	Paula	Papa
C	Cäsar	Charlie	**Q**	Quelle	Quebec
D	Dora	Delta	**R**	Richard	Romeo
E	Emil	Echo	**S**	Samuel	Sierra
F	Friedrich	Foxtrot	**SCH**	Schule	–
G	Gustav	Golf	**T**	Theodor	Tango
H	Heinrich	Hotel	**U**	Ulrich	Uniform
I	Ida	India	**Ü**	Übermut	–
J	Julius	Juliett	**V**	Viktor	Victor
K	Kaufmann	Kilo	**W**	Wilhelm	Whiskey
L	Ludwig	Lima	**X**	Xanthippe	X-Ray
M	Martha	Mike	**Y**	Ypsilon	Yankee
N	Nordpol	November	**Z**	Zacharias	Zulu

BUCHSTABIERTAFELN	**105**

- ⇒ **Auf jeden Fall Polizei anfordern**
- ⇒ **Fotos und Unfallskizze anfertigen**
- ⇒ **Schuldeingeständnisse des Betroffenen möglichst verhindern und nicht weitergeben (nur angeben, welcher Fahrer am Unfall beteiligt war)**
- ⇒ **Bei hohen Sachschäden bzw. Personenschäden Verständigung des Abteilungsleiters, evtl. des Amtsleiters**
- ⇒ **Betroffenen Fahrzeugführer u.U. außer Dienst nehmen**
- ⇒ **Alle Vorfälle dokumentieren**
- ⇒ **Zeugen ?**
- ⇒ **PSU ?**

EIGENUNFALL	**106**

- ⇒ **Objektplan, topographische Karten DB mit Streckennummer**
- ⇒ **Einsatzmerkblätter Eisenbahnfahrzeuge (Internet)**
- ⇒ **Rüstsatz Bahn → 500 mal bei deutschen FW**
- ⇒ **Notfallleitstelle DB oder anderen Betreiber über Leitstelle verständigen**
- ⇒ **! Notfallmanager anfordern !**
- ⇒ **Kontakt zu Fahrdienstleiter → Streckentelefon (Kasten mit schwarzem „F“ auf weißem Grund)**
- ⇒ **Streckenkilometer an den Oberleitungsmasten**
- ⇒ **Spannung Oberleitung 15.000 V, Bahnerden nur durch Bahnpersonal oder ausgebildete FW-Kräfte**
- ⇒ **Im Betrieb: Abstand zur Oberleitung 3 m;
bei Menschenrettung 1,5 m;
zu Gleisen 2,5 m, ICE 3 m**
- ⇒ **Sicherungsposten aufstellen mind. 2 km Abstand (2-m-Band, Warnweste, Winkerkelle), Bremsweg je nach Geschwindigkeit bis zu 2 km (ICE 3 km)**
- ⇒ **Abstand zu abgerissener, auf dem Boden liegender Oberleitung mindestens 10 m**
- ⇒ **Frachtpapiere → Lok und Fahrdienstleiter**
- ⇒ **Notausstiegsfenster auch zum Eindringen geeignet**

⇒ **Zug (Feuer) 232, Zug (TH) 316, ABC – Allgemein 400**

EISENBAHN | 107

Feuerwehr

Stadt	Gruppe/Kanal	Rufname

Polizei

Stadt	Gruppe/Kanal	Rufname
BAB		
BP		

Hilfsorganisationen

Stadt	Gruppe/Kanal	Rufname
THW		
ASB		
DRK / BRK		
JUH		
MHD		
DLRG		

FUNKKANÄLE	108

Durch die Brandschutzgesetze der Bundesländer können Grundrechte eingeschränkt werden. Die möglichen Einschränkungen sind je Bundesland unterschiedlich.

Beispiele:

⇒ **Artikel 2 GG: Recht auf körperliche Unversehrtheit und Freiheit der Person**
§§: ______________________

⇒ **Artikel 13 GG: Unverletzlichkeit der Wohnung**
§§: ______________________

⇒ **Artikel 14 GG: Schutz des Eigentums**
§§: ______________________

Ländergesetze

⇒ **Heranziehung von Dritten**
§§: ______________________

⇒ **Erteilung eines Platzverweises**
§§: ______________________

⇒ Bei belastenden Verwaltungsakten ist im Einsatzfall die sofortige Vollziehung anzuordnen, da sonst Widerspruch mit aufschiebender Wirkung des Betroffenen möglich ist.
(„... ordne die sofortige Vollziehung an")

⇒ Zwangsmittel 122

GRUNDRECHTE / EINSCHRÄNKUNG

109

- ⇒ **Bei Arbeiten < 2 m von der Absturzkante ist eine Absturzsicherung vorzusehen**
- ⇒ **! Brustbund und Feuerwehrleine sind auf keinen Fall zu verwenden !**
- ⇒ **Höhensicherungsausrüstung verwenden**
- ⇒ **„Höhenrettung“ nur durch speziell ausgebildetes Personal**
- ⇒ **Sitzgeschirr und Rettungsleine / Kernmantelseil verwenden**
- ⇒ **Einschlägige Vorschriften / Anleitungen für die Absturzsicherung beachten !**
- ⇒ **Nächste Höhenrettungseinheit:**

____

____

____

____

____

HÖHENRETTUNG	**110**

⇒ **Anforderung: RTH über Leitstelle**

⇒ **Landeplatz min. 30 x 30 m**
– Bundeswehr (CH 53): 80 x 80 m

⇒ **Keine Freileitungen, Masten etc. in der Nähe**

⇒ **Gute Zugänglichkeit, kein Ascheplatz o.ä.**

⇒ **Absperren des Landeplatzes durch Polizei**

⇒ **Bei mehreren Hubschraubern kann u.U. der Pilot des 1. Hubschraubers die Organisation des Landeplatzes übernehmen (On-scene-Commander)**

⇒ **Brandschutz mindestens 1 TLF**

⇒ **Annäherung an den Hubschrauber immer nur von vorn**

⇒ **Ausleuchtung:**

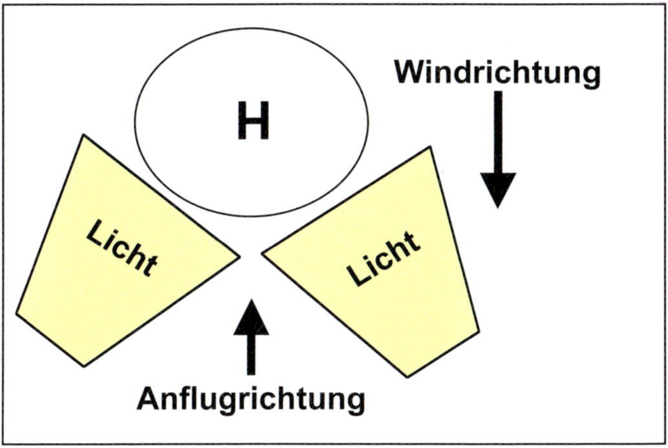

HUBSCHRAUBER | 111

⇒ Zufahrten und Abfahrten frei halten

⇒ ! Genaue Erkundung (Überblick) !

⇒ ? Anzahl der Betroffenen / Kontamination ?

⇒ Ordnung des Raumes:
Verletztenablage, RTW-Halteplatz
Bereitstellungsraum 104, Hubschrauberlandeplatz 111
Behandlungsplatz 113
(örtliche Gegebenheiten nutzen
z.B.: Turnhalle, Lagerhalle)
– mind. je einen Verantwortlichen benennen

⇒ Registrierung u. Kategorisierung (Verletztenanhängekarten)

⇒ ! Keine Spontantransporte !

⇒ Patienten Kategorie rot möglichst nicht über Behandlungsplatz, frühzeitiger Transport

⇒ Lebensrettende Sofortmaßnahmen haben Vorrang

⇒ Einweisung und Zuteilung der nachrückenden Einheiten

⇒ LNA, SEG, Betreuung

⇒ Krankenhäuser über LST informieren lassen

⇒ Personalbedarf: ca. 4 Helfer pro Patient

⇒ Kapazitäten bestellen:
- Transportkapazität für … Patienten
- Behandlungskapazität für … Patienten
- Betreuungskapazität für … Patienten

⇒ Presse 114, Sofortmeldung 117, PSU

MANV	112

⇒ **Fläche für ca. 50 Patienten min. 60 x 40 m**

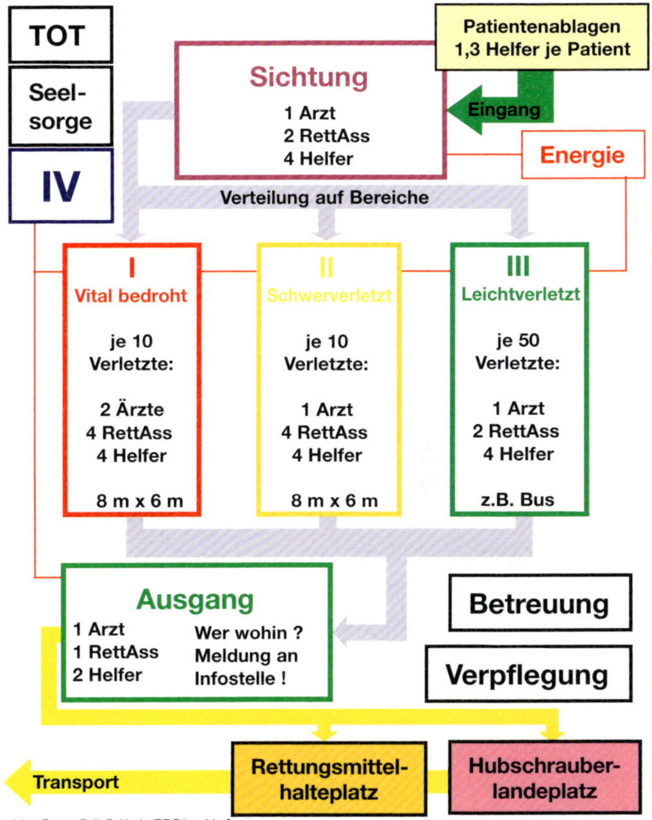

Idee: Braun, Peil, Rehbein (BF Düsseldorf)

MANV-BEHANDLUNGSPLATZ

113

Vorbereitung:

⇒ **Klare Ziele setzen**

⇒ **Sagen Sie nur, was Ihnen nützt**

⇒ **Seien Sie konsequent, aber freundlich**

⇒ **Vermeiden Sie Details**

⇒ **Fassen Sie sich kurz**

Einstieg:

- ***Auf Grund der Ereignisse haben wir nur eine kurze Zeit für ein Statement ...***
- ***In ca. 1 Stunde findet im ... / am ... eine Pressekonferenz statt ...***
- ***Wir haben einen Beobachtungsposten für Sie eingerichtet, Fotos bitte von hier ...***

Aktionsschritte:

⇒ **Was ist wann, wo und warum passiert ?**

⇒ **Gab es Verletzte, Tote ?**

⇒ **Auswirkung des Ereignisses auf die Umgebung**

⇒ **Wie hoch ist der Schaden ?**

⇒ **Was haben wir bisher unternommen ?**

⇒ **Was werden wir als Nächstes tun ?**

Ausstieg:

- ***Das ist der Stand der Dinge, wir werden Sie auf dem Laufenden halten ...***
- ***Ich muss mich jetzt wieder um meine Arbeit kümmern***
- ***Nächste Pressekonferenz: Ort: ... Uhrzeit: ...***

PRESSE / NOTFALLSTATEMENT	114

⇒ Gebäude von oben nach unten räumen

⇒ Wenn vorhanden, Rundsprechanlage nutzen

⇒ Aufzüge im Brandfall nicht nutzen – ansonsten mit Aufzugführer besetzen und für Bedürftige frei halten

⇒ Geräumte Bereiche kennzeichnen und dokumentieren, wer welche Räume wann frei gemeldet hat

⇒ Möglichst „Einbahnverkehr“ (ein Treppenraum für den Angriff, der zweite für die Räumung)

⇒ Selbstschließende Türen im Verlauf von Rettungswegen von Einsatzkräften besetzt halten

⇒ Betreuungseinheit

⇒ Personen beim Verlassen des Hauses und am Sammelplatz erfassen, Auszug Melderegister über LST

⇒ Personen mind. 50 m vom Objekt sammeln

⇒ Bei Krankenhäusern, Altenheimen usw.:

HORIZONTALE EVAKUIERUNG:

! Patienten aus dem betroffenen Bereich werden auf die benachbarte (rauchfreie) Station verlegt !

⇒ Personentransport → ÖPNV

⇒ Provisorische Unterbringung
→ Öffentliche Gebäude

RÄUMUNG	115

⇒ **? Körperliche Eignung ?**

⇒ **? Alternative Zugänge ?**

⇒ **? Lageinformationen ?**

⇒ **Zur Orientierung Einsichtnahme in Feuerwehrpläne**

⇒ **? Kommunikation ?**

- **Funkkanäle**
- **Notantennenleine**

⇒ **Bei großen und unübersichtlichen Gebäuden → SiTrupp = Staffel**

⇒ **Depot am Verteiler**

⇒ **Rückwegsicherung**

⇒ **Ausrüstung**

- **Wärmebildkamera, Beleuchtung, Reserve-PA, Brechwerkzeug, Leine, Bandschlinge, Karabiner**
- **Bei Bedarf: Schlauchmaterial, Korbtrage, Rettungstuch**

Eine Sofortmeldung ist auf Veranlassung des Einsatzleiters in den meisten Bundesländern spätestens 30 Minuten nach dessen Eintreffen an der Einsatzstelle über die Leitstelle an die Aufsichtsbehörden abzusetzen.

(Gültig z.B. für NRW laut Runderlass des Innenministeriums NRW)

Es müssen z.B. Schadensereignisse gemeldet werden,

- ⇒ **die überörtliche Hilfe in außergewöhnlichem Umfang erfordern,**
- ⇒ **mit einer großen Anzahl von Verletzten,**
- ⇒ **bei denen hoch toxische Stoffe (bereits in geringen Mengen) oder toxische Stoffe in großen Mengen austreten können oder ausgetreten sind,**
- ⇒ **bei denen radioaktive Stoffe freigesetzt werden können oder freigesetzt worden sind,**
- ⇒ **wenn es Brandtote gegeben hat,**
- ⇒ **bei schweren Verletzungen oder Todesfällen von Einsatzkräften.**

Die Bestimmungen für Sofortmeldungen variieren in allen Bundesländern. Es ist wichtig, sich im Voraus mit diesen vertraut zu machen.

SOFORTMELDUNG	**117**

Bezirksschornsteinfeger	
Bundespolizei	
DB Notfallmanager	
Deutsche Bahn AG	
DLRG	
DMT (Silobrand)	**0231 / 53 33 237**
DWD Deutscher Wetterdienst	
Einsatzverpflegung	
ELW	
ELW	
EVU Fernwärme	
EVU Gas	
EVU Strom	
EVU Wasser	
Fachberater A	
Fachberater B	
Fachberater C	
Flüssiggasnotruf (FSD)	**0 69 / 75 90 91 53**
Gesundheitsamt	
Giftnotrufzentrale	
Handwerkernotruf	
Kampfmittelräumdienst	

TELEFONLISTE	**118**

Krankenhaus	
Krankenhaus	
Krankenhaus	
Leitstelle	
Ordnungsbehörde	
Polizei-Leitstelle	
PSU	
Radlader	
Saugbagger	
Silobrand (DMT)	0231 / 53 33 237
THW	
Tiernotruf	
TUIS	
Umweltamt	
Veterinär	
Wetteramt (DWD)	

TELEFONLISTE	119

- ⇒ **D-Meldung: Erfordernis ist durch den Einsatzleiter der Feuerwehr festzustellen**
- ⇒ **Die Meldung wird auf Veranlassung des EL von der LST abgesetzt**
- ⇒ **über App: Nina, MoWas, KatWarn**
- ⇒ **und/oder: Sirene, Durchsagen, Rundfunk**
- ⇒ **D 1 – außerhalb des Schadensortes objektiv keine Gefährdung, jedoch Eindrücke, wie Gerüche, Geräusche von außen wahrnehmbar**
- ⇒ **D 2 – außerhalb des Schadensortes ist eine Gefährdung nicht mit Sicherheit auszuschließen. Erste Maßnahmen nach Vorplanung sind erforderlich**
- ⇒ **D 3 – außerhalb des Schadensortes ist eine Gefährdung wahrscheinlich oder bereits eingetreten, behördliche Maßnahmen zur Gefahrenabwehr sind erforderlich**
- ⇒ **D 4 – außerhalb des Schadensortes ist eine Gefährdung wahrscheinlich oder bereits eingetreten, Maßnahmen sind erforderlich (Großschadensereignis, Führungsstab übernimmt die Koordination)**

⇒ **Sofortmeldung 117**

WARNUNG DER BEVÖLKERUNG	120

Bft	m/s	km/h	Wirkung an Land
0	0,0 – 0,2	0	keine Luftbewegung, Rauch steigt senkrecht auf
1	0,3 – 1,5	1 – 5	kaum merklich, Rauch treibt leicht ab, Windfahnen unbewegt
2	1,6 – 3,3	6 – 11	Blätter rascheln, Wind im Gesicht spürbar
3	3,4 – 5,4	12 – 19	Blätter und dünne Zweige bewegen sich
4	5,5 – 7,9	20 – 28	Zweige bewegen sich, loses Papier wird mitgenommen
5	8,0 – 10,7	29 – 38	größere Zweige und kleine Bäume bewegen sich
6	10,8 – 13,8	39 – 49	dicke Äste bewegen sich, hörbares Pfeifen an Leitungen
7	13,9 – 17,1	50 – 61	Bäume schwanken, Widerstand beim Gehen
8	17,2 – 20,7	62 – 74	große Bäume werden bewegt, Zweige brechen ab
9	20,8 – 24,4	75 – 88	Äste brechen, kleine Schäden an Gebäuden
10	24,5 – 28,4	89 – 102	entwurzelte Bäume, Baumstämme brechen
11	28,5 – 32,6	103 – 117	schwere Waldschäden, Dächer abgedeckt, Autos umgeworfen
12	> 32,6	> 117	schwerste Sturmschäden und Verwüstungen

WINDGESCHWINDIGKEITEN | 121

⇒ **Zulässigkeit des Verwaltungszwangs**

Der Verwaltungszwang kann ohne vorausgehenden Verwaltungsakt angewendet werden, wenn das zur **Abwehr einer gegenwärtigen Gefahr** notwendig ist und die Behörde innerhalb ihrer Befugnisse handelt.

⇒ **Zwangsmittel**

Zwangsmittel sind vorher anzudrohen. Es ist die Verhältnismäßigkeit der Mittel zu beachten.

1. **Ersatzvornahme –** eine andere „Person“ wird veranlasst, die Aufgabe zu übernehmen, Kosten trägt der Verursacher
2. **Zwangsgeld –** bei der Androhung ist eine angemessene Frist einzuräumen
3. **Unmittelbarer Zwang –** andere Zwangsmittel kommen nicht in Betracht oder versprechen keinen Erfolg. Leistet der Betroffene Widerstand, so kann dieser mit Gewalt gebrochen werden (Amtshilfe durch Polizei)

⇒ **Im Prinzip gilt oben Genanntes in allen Bundesländern, die gesetzliche Grundlage ist allerdings unterschiedlich !**

ZWANGSMITTEL	122

Teil 200
Feuer

⇒ ? Einsatz – Löschwasserpläne vorhanden ?

⇒ Fahrzeugaufstellung (Trümmerschatten, Zufahrten, DLK, RTW)

⇒ ! Objekt von allen Seiten erkunden ! ? Zugänge ?

⇒ ? Menschen, Tiere in Gefahr ? Wo, wie viele ?

⇒ ? Gefahren ? AAAABCEEEE

⇒ ? Was brennt ? (Welches Löschmittel geeignet ?)

⇒ ? Brandabschnitte ? Verbindungen zu anderen Gebäuden oder Gebäudeteilen ? (Brandschutztüren, Lüftungsschächte etc.)

⇒ ? Abschaltung der Energieversorgung etc.?

⇒ ? Vorhandene Kräfte ausreichend ?

⇒ ? Umweltgefahren ?

⇒ ! Menschen retten, Ausbreitung verhindern, Brand löschen !

⇒ ! Angriff von außen prüfen, um Verrauchung von Fluren und Rettungswegen zu verhindern !

⇒ ! Sicherheitstrupp 116 + Atemschutzüberwachung !

⇒ Wasserbedarf / Wasserversorgung 229, 230

⇒ Entrauchung / Taktische Ventilation 225

⇒ ? Lage stabil ?

⇒ ? Andere Behörden ?

⇒ Sofortmeldung 117

⇒ Warnung der Bevölkerung 120

⇒ Presse 114

⇒ **Hommel Nr. 214 ? TUIS ?**

⇒ **! Fahrzeugaufstellung ! Deckung beachten !**

⇒ **Schulterfarbe der Flasche: kastanienbraun (alte Kennfarbe: Flaschenfarbe gelb oder braun)**
– Dumpfer Klang, ovales Handrad, Bügelverschluss

⇒ **! Zündet praktisch immer ! Feuerball bis 30 m !**

⇒ **! Alle Einsatzkräfte warnen ! Rückmeldung !**

⇒ **? Wie viele Flaschen ? Weitere Gefahren ?**

⇒ ***Gas strömt aus, brennt nicht***
- **Höchste Explosionsgefahr**
- **Ventil schließen, wenn Gas sauber und Flasche kalt**
- **Gas rußig → weiter mit *Flasche wärmebeaufschlagt***

⇒ ***Gas brennt***
- **Brennen lassen, Räumung (siehe unten)**
- **Flasche und Umgebung massiv kühlen**

⇒ ***Flasche wärmebeaufschlagt***
- **! Deckung ! Abstand ! Kühlen ! Monitor !**
- **Räumung angrenzender Gebäude und im Freien 300 m**
- **Fenster und Türen öffnen (Druckentlastung)**
- **Kühlen, bis Wasser nicht mehr verdampft, + 30 min**
- **Wärmebildkamera und Fernthermometer nutzen**
- **! Nur kalte Flaschen bergen !**
- **Dann 24 h im Wasserbad lagern**
- **Flasche kennzeichnen, Hersteller verständigen**

⇒ **Räumung 115, Wasserförderung 229, Wasserversorgung 230**

ACETYLEN | 201

⇒ ! Zufahrt frei halten !

⇒ Einweisung nachrückender Kräfte
- Bereitstellungsraum 104
- Wasserversorgung 229, 230 / Sonderpläne beachten !?

⇒ ? Personen in Gefahr ? Tiere in Gefahr ?

⇒ Welche Produkte, Stoffe etc. gelagert ? (Düngemittel, Schweißgerät ...)

⇒ ? Energieversorgung ? ! Flüssiggas ! BIOGAS !

⇒ ! Ausbreitung verhindern / Riegel aufbauen !
- Objektschutz geht vor Brandbekämpfung ! (d.h. nicht in die Flammen spritzen, sondern Oberflächen kühlen ca. 1 l pro m^2/min)

⇒ ! Sicherheitstrupp 116 + Atemschutzüberwachung !

⇒ Bei Stroh Netzmittel

⇒ Großgeräte z.B. Radlader → THW, andere Landwirte, Bauunternehmer

⇒ ? Löschwasserrückhaltung ? 435

⇒ Tierrettung 310 ? Veterinär !?

⇒ Presse 114

⇒ Gas 212, 415

⇒ Photovoltaik, Windkraft 207

⇒ Dachstuhl 205, Düngemittel 206, Heustock 214, Silo 224

BAUERNHOF 202

- ⇒ **Objektpläne beachten**
- ⇒ **! Mit Fahrzeugen nicht ins Objekt hineinfahren bis der Schadensort feststeht !**
- ⇒ **Lage FSK/FSD (? Blitzleuchte ?) und BMZ**
- ⇒ **Am FBF akustische Signale nicht ausschalten**
- ⇒ **→ ACHTUNG: Räumungsdurchsagen werden mit abgeschaltet**
- ⇒ **Summer immer abschalten, damit auffällt, wenn weiterer Melder einläuft**
- ⇒ **1 Führungskraft verbleibt an der BMZ (Einweisung der Kräfte nach vorhandenen Plänen und Überwachung falls weitere Melder einlaufen)**
- ⇒ **Löschwasserversorgung → beachte Objektplan**
- ⇒ **Angriffstrupp mit PA erkundet eingelaufene Schleife (Laufkarte mitnehmen)**
- ⇒ **Parallel außen erkunden**
- ⇒ **Betreiber verständigen**
- ⇒ **Einzelne Schleifen werden nur vom Betreiber abgeschaltet**

Achtung:

Ist mehr als 1 Schleife eingelaufen, ist dies ein Anzeichen für einen Realbrand

BMZ = Brandmeldezentrale
FBF = Feuerwehrbedienfeld
FSK = Feuerwehrschlüsselkasten
FSD = Feuerwehrschlüsseldepot
FAT = Feuerwehranzeigetableau

⇒ Großgebäude 213, Hochhaus 215, Industrie / Gewerbe 216

BRANDMELDEANLAGE 203

⇒ ? Objektpläne vorhanden ?

⇒ ! Windrichtung beachten !

⇒ Einweisung nachrückender Kräfte

- Bereitstellungsraum 104
- Wasserversorgung 229, 230

⇒ ! Objekt von allen Seiten erkunden ! Eigenschutz !

⇒ ? Erkundung mit Drohne ?

⇒ ? Personen in Gefahr ?

⇒ ? Brandabschnitte ?

⇒ ? Welche Produkte betroffen ? → TUIS ?!

⇒ ? Druckbehälter ?

⇒ ? Welches Löschmittel ?

⇒ Dekon 411 beachten ! Angriffstrupps !

⇒ ! Sicherheitstrupp 116 + Atemschutzüberwachung !

⇒ ! Löschwasserrückhaltung ! 435

⇒ Schadstoffe ? Messungen !

⇒ Ausbreitungsrechnung über Deutschen Wetterdienst (www.dwd.de)

⇒ Ordnungsbehörde, zuständiges Umweltamt, zuständige Wasserbehörde

⇒ Sofortmeldung 117

⇒ Warnung der Bevölkerung 120

⇒ Presse 114

⇒ Industrie / Gewerbe 216, Taktische Ventilation 225, Schaum 221, Gewässerverunreinigung 420, C – Allgemein 409

CHEMIEBETRIEB 204

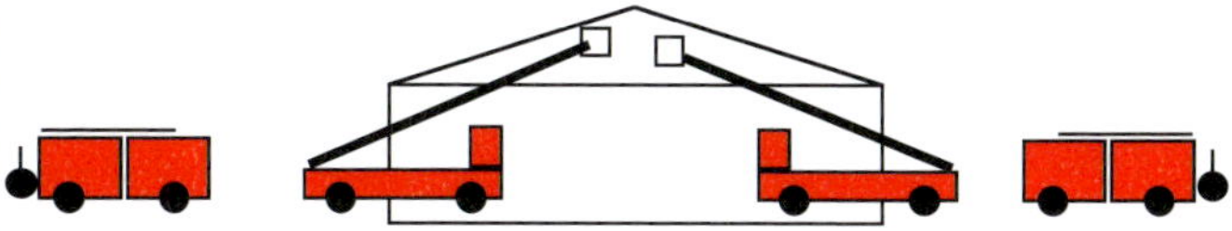

⇒ ! Platz und Zufahrt für mehrere DLK frei lassen !
⇒ ! Trümmerschatten !
⇒ Einweisung nachrückender Kräfte
- Bereitstellungsraum 104
- Wasserversorgung 229, 230

⇒ ? Photovoltaik ?
⇒ ? Personen in Gefahr ?
⇒ ! Rückseite erkunden !
⇒ ? Verbindungen zu anderen Gebäuden ?
⇒ ? Nagelplattenbinder ? → Einsturzgefahr !

⇒ Schnellstmöglich Dachhaut zur Wärmeabfuhr öffnen !
⇒ Innen- oder Außenangriff !
⇒ Wasserschaden vermeiden
⇒ Statik beachten ! → z.B. Nagelplattenbinder
⇒ Schornsteine beachten → Einsturzgefahr !
⇒ Sicherheitstrupp 116
⇒ Flugfeuer beachten !

⇒ ! Kräfte sichern ! → Höhensicherung 110
⇒ In tiefer liegenden Geschossen Möbel abdecken, Wassersauger einsetzen
⇒ Presse 114

⇒ Wohnhaus 231, Elektrische Anlage 207

DACHSTUHL 205

⇒ ! Windrichtung beachten !

⇒ ! Zufahrten frei halten !

⇒ ? Personen in Gefahr ?

⇒ ? Möglichkeiten zum Freilegen vorhanden ?

⇒ Weiträumig absperren

⇒ ! Alle Kräfte mit Atemschutz (mind. mit Filter ausstatten) ! Ohne Atemschutz mind. 100 m Abstand

⇒ Heiße Zersetzungsgase mit Wasser niederschlagen

⇒ Messungen durchführen

⇒ ? Warnung der Bevölkerung 120 ?

⇒ Bei Feuer oder Zersetzung in Silos 224 rechtzeitig für Druckentlastung sorgen !

⇒ Löschwasserrückhaltung 435

⇒ Radlader / Bagger / THW

⇒ Zuständiges Umweltamt, Ordnungsbehörde, Immissionsschutz

⇒ Sofortmeldung 117

⇒ Presse 114

DÜNGEMITTEL | **206**

⇒ Energieversorgungsunternehmen verständigen

⇒ ! Vorgehende Kräfte einweisen !

⇒ Bei Trafo Kühlmittel beachten ! ? PCB ?

⇒ ! Einsatz ohne Abschaltung nur wenn unvermeidbar !

⇒ ! Vorgehen in geschlossenen Anlagen nur nach Rücksprache mit Fachkraft des Betreibers !

⇒ Zur Erkundung ggf. Wärmebildkamera

⇒ Photovoltaik → nicht ohne Weiteres abschaltbar
→ Anlagenteile unter Spannung

⇒ Windkraft → im Brandfall großflächig absperren

Einsatz von Löschmitteln in elektrischen Anlagen		
Löschmittel	Spannung	
	< 1.000 V	> 1.000 V
Wasser C Sprühstrahl	1 m	5 m
Wasser C Vollstrahl	5 m	10 m
Wasser B Sprühstrahl	9 m	13 m
Wasser B Vollstrahl	13 m	16 m
Normalpulver P / CO_2	1 m	5 m
Schaum, PM, PG	Nur wenn spannungsfrei	

⇒ ! Abstand halten ! Auslaufende Kraftstoffe !
! Wegfliegende Teile !

⇒ ! Absichern ! BAB 600 m !

⇒ ? Personen in Fahrzeug / Schlafkabine ?

⇒ ? Gasflaschen an Bord ? Heizung !

⇒ ? Ladung ? Achtung bei Kleintransportern !

⇒ ? Alternative Antriebe ? Kennzeichnungsabfrage !

⇒ ? Batteriehauptschalter ?

⇒ ! Fahrzeug kann durch Kurzschluss im Anlasser oder Schmelzen des Handbremszuges wegrollen !
➔ Unterlegkeil

⇒ ? Anhänger abkuppelbar ?

⇒ Angriff von der nicht betroffenen Seite her vortragen

⇒ Als Löschmittel Pulver, Schaum 221 und Netzmittel in Erwägung ziehen

⇒ Löschwasserrückhaltung 435

⇒ ? Kraftstoffmenge ? ggf. Behälter nachfordern

⇒ ? Kraftstoff ins Erdreich gelangt ?

⇒ ggf. zuständige Wasserbehörde verständigen !

⇒ Autobahn 103, Metallbrand 219, Tankzug (Feuer) 225, VU – Allgemein 312, Alternative Antriebe 101

FAHRZEUG (FEUER) 208

⇒ ! Windrichtung beachten !

⇒ ! Aufstellflächen DLK beachten !

⇒ ? Personen in Gefahr ?

⇒ ? Sind Materialien auf dem Dach gelagert ? (Gasflaschen ? ! 212, 421)

⇒ ? Bauliche Zugänge zum Dach ?

⇒ Bei Gefahr des Druckgefäßzerknalls Umgebung räumen lassen → Polizei

⇒ ! Explosionsgefahr, wenn als Dämmung Kunststoffe bzw. Schäume verwendet worden sind !

⇒ Von verschiedenen Seiten anleitern → Fluchtweg

⇒ Gebäude räumen 115

⇒ Gebäudeinneres beobachten, u.U. Rohr in Bereitstellung

⇒ ! Alle Kräfte auf dem Dach mit PA !

⇒ ? Einsatz Fog Nails ?

⇒ Dachhaut öffnen, bis Rauch drucklos austritt

⇒ Zwischenräume mit Mittelschaum 221 fluten !

⇒ Dachfläche mit Wärmebildkamera kontrollieren

⇒ Industrie / Gewerbe 216

FLACHDACH 209

⇒ **! Windrichtung beachten !**
Einweisung nachrückender Kräfte / Lotsen
- Bereitstellungsraum **104**
- Wasserversorgung 229, 230

⇒ **? Betroffene Fläche ? Feuer in Humus eingedrungen ?**

⇒ **? Gebäude oder sonstige Anlagen bedroht ?**

⇒ **? Wege sicher befahrbar ?**

⇒ **? Pendelverkehr mit TLF ? Geländegängig ?**

⇒ **! Rückzugsweg frei halten !**

⇒ **! Brand von den Flanken her bekämpfen, nicht frontal !**

⇒ **Mittelschaumschneise**

⇒ **Netzmittel**

⇒ **Rechtzeitig für Ablösung sorgen (Verpflegung !)**

⇒ **Nach Möglichkeit keine HuPF-Kleidung einsetzen → Wärmestau**

⇒ **u.U. Polizeihubschrauber zur Luftbeobachtung anfordern**

⇒ **Hubschrauber mit Wasserbehälter → Löschangriff**

⇒ **Forstbehörde informieren**

⇒ **Deutscher Wetterdienst**

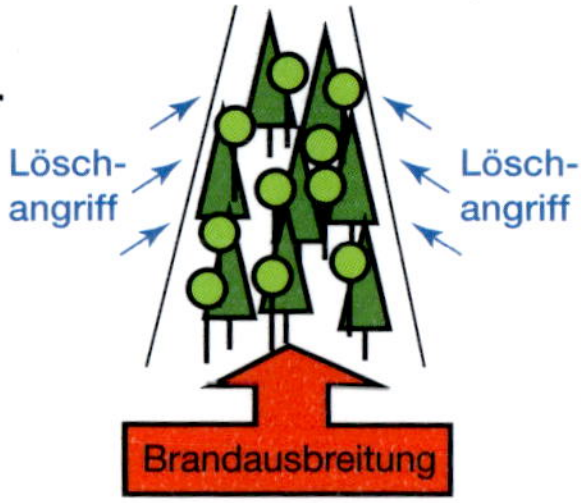

⇒ Schaum 221

FREIFLÄCHE / WALD 210

- ⇒ **Tor frei halten !**
- ⇒ **? Personen in Gefahr !**
- ⇒ **ACHTUNG: durch Kurzschluss können elektrische Tore schließen**
- ⇒ **? Was befindet sich in der Garage ? (Gasflaschen, Schweißgerät, Treibstoff Fahrzeugladung ?)**
- ⇒ **? Grube vorhanden ?**
- ⇒ **? Verbindung zu anderen Garagen oder Gebäudeteilen ?**
- ⇒ **Angriff möglichst nicht frontal aufbauen**
- ⇒ **Kombinierter Pulver- / Wasser-Einsatz oder Schaum 221**
- ⇒ **Bei Doppelstockgarage Pulver oder Mittelschaum**

⇒ **Tiefgarage 227, Fahrzeug 208, Alternative Antriebe 101**

GARAGE 211

⇒ ! Gasversorger verständigen !

⇒ ! 50 m Abstand ! Ex-Schutz !

⇒ ! Brennen lassen, Löschen nur durch Absperren !

⇒ Umgebung kühlen

⇒ Gasausströmung 415

Flüssiggas-Sicherheitsdienst (FSD)

⇒ Tel.-Notruf 069/ 75 90 91 53

⇒ „BLEVE“ !

⇒ Umgebungsbrand mit allen Mitteln bekämpfen !

⇒ Bei Umgebungsbrand <u>und</u> Gasbrand aus dem Überdruckventil → Rückzug

⇒ ! Behälter können bereits nach 10 Minuten Brandeinwirkung bersten ! Behälter, insbesondere die Oberseite, massiv kühlen !

⇒ <u>Sicherheitsabstände bei Bränden mit Flüssiggas</u>

Behälter	Volumen (ca. m³)	Abstand für E-Kräfte	Abstand für andere Personen	Kühlwasser-bedarf (l/min)
Druckgas-flaschen	< 0,08	25 m	100 m	15
Pkw-Gasbehälter	0,1	25 m	100 m	15
Gasbehälter für Haushalte	2,5 bis 5	100 m	500 m	180
Straßen-tankwagen	5 bis 12	300 m	1.000 m	1.200
Eisenbahn-kesselwagen	50 bis 110	300 m	1.000 m	2.500
Binnenschiffe, Speicheranlagen	> 1.000	200 bis 500 m	1.500 bis 2.500 m	2.000 bis 150.000
Für das Instellungbringen von Wasserwerfern und zur Menschenrettung ist Abstand kurzzeitig zu unterschreiten				

GAS **212**

⇒ ? Objektpläne ?

⇒ Einweisung nachrückender Kräfte
- Bereitstellungsraum 104
- Wasserversorgung 229, 230 / Einspeisung vorhanden?

⇒ ? Menschen in Gefahr ? Wo, wie viele ?

⇒ ! Objekt von allen Seiten erkunden ! ? Zugänge ?

⇒ ! Angriff von außen prüfen, um Verrauchung von Fluren und Rettungswegen zu verhindern !

⇒ ? Brandabschnitte ? Verbindungen zu anderen Gebäuden oder Gebäudeteilen ? (Brandschutztüren, Lüftungsschächte etc. ...)

⇒ Kommunikationskonzept beachten, u.U. schlechte Funkverbindung im Gebäude

⇒ Gebäudefunkanlage oder Repeater nutzen

⇒ Gebäude räumen lassen → Polizei ! 115

⇒ Sicherheitstrupp 116

⇒ ! Aufzüge kontrollieren und stillsetzen !

⇒ ! Flucht- und Rettungswege kontrollieren !

⇒ Entrauchung 228

⇒ Lüftung abstellen (Lüftung nur weiterlaufen lassen, wenn sichergestellt ist, dass eine Rauchausbreitung ausgeschlossen ist)

⇒ MANV 112, Behandlungsplatz 113

⇒ Betreuung betroffener Personen

⇒ Hausmeister, Betreiber, Energieversorger

⇒ Presse 114

⇒ Belüftung 225, Keller 217, Tiefgarage 227

GROSSGEBÄUDE 213

⇒ **Anzeichen für eine Erwärmung**

- Typischer Gärungsgeruch
- Aufsteigende Dampfwolken
- Hohe Temperaturen im Innern des Heustocks/-ballens
- Austritt von Schwelgasen aus dem Heustock – akute Gefahr!

⇒ **Messungen mit Heustocksonde**

- < 45 °C – keine Gefahr
- 45 – 60 °C – bedenklich, Heustock täglich überprüfen / belüften, „Heuwehrgerät“
- 60 – 70 °C – brandgefährdet, in kurzen Abständen überprüfen, belüften, Brandbekämpfung vorbereiten
- > 70 °C – akute Brandgefahr

⇒ **u.U. ist eine schlagartige Durchzündung möglich !**

⇒ **Löschlanzen und Netzmittel einsetzen**

⇒ **! Umgebung sichern !**

⇒ **Nicht betroffene Geräte und Heu frühzeitig entfernen**

⇒ **Nächstes Lanzenthermometer:**

____

____

⇒ **Nächstes Heuwehrgerät:**

____

____

⇒ ! Zufahrten frei halten !

⇒ ! Aufstellflächen DLK beachten !

⇒ ! Einspeisung Steigleitung !

⇒ ! Gebäude von allen Seiten erkunden !

⇒ ? Personen in Gefahr ?

⇒ ? Verbindungen zu anderen Gebäuden ?

⇒ Müllschlucker und Lüftungsleitungen beachten

⇒ ! Im EG Zugangskontrolle errichten !

⇒ ! Aufzüge kontrollieren und stillsetzen !

⇒ AL Schadenbekämpfung im Brandgeschoss, wenn Schleusen vorhanden, sonst im Geschoss darunter

⇒ ! Feuerwehraufzug nur bis 2 Geschosse unter Brandgeschoss ! Maschinist für FW Aufzug !

⇒ AL Lüftung (Treppenraum mittels Lüfter, RWA entrauchen und rauchfrei halten, Kamineffekt und Windeinfluss bei Belüftung beachten 228)

⇒ AL Außen (Wasserversorgung, Bereitstellung)

⇒ AL Betreuung

⇒ ! Sicherheitstrupp 116 + Atemschutzüberwachung ! und weitere Bereitstellung (Depot) 2 Etagen unter Brandgeschoss (Anmarschweg)

⇒ Geschosse kontrollieren, Räume kennzeichnen

⇒ Hausmeister, Betreiber, Energieversorger

⇒ MANV 112, 113, Räumung 115, Flachdach 209, Keller 217, Taktische Ventilation 225

HOCHHAUS 215

⇒ ? Objektpläne ?

⇒ Objekt von allen Seiten erkunden ? Zugänge ?

⇒ Einweisung nachrückender Kräfte
- Bereitstellungsraum 104
- Wasserversorgung 229, 230 / Einspeisung

⇒ ? Personen in Gefahr ?

⇒ ? Drohne möglich ?

⇒ ? Was brennt? Was wird verarbeitet bzw. gelagert? Gasflaschen / besondere Gefahren ?

⇒ ? Brandabschnitte ? Verbindungen zu anderen Gebäuden oder Gebäudeteilen ?

⇒ ? Löschmittel ? Löschanlage vorhanden ?

⇒ ? RWA bzw. Zuluft (Tore) geöffnet ?

⇒ ? Anlagen, Lüftung aus / Energie abgeschaltet ?

⇒ ! Sicherheitstrupp 116 + Atemschutzüberwachung !

⇒ Löschwasserrückhaltung 435

⇒ ! Reserven bilden !

⇒ ? Sofortmeldung 117 ?

⇒ ? Warnung der Bevölkerung 120 ?

⇒ Energieversorger, Eigentümer, Ordnungsbehörde, zuständiges Umweltamt

⇒ Bei Nahrungsmittel verarbeitenden Betrieben Ordnungsbehörde verständigen !

⇒ Presse 114

⇒ Acetylen 201, Chemiebetrieb 204, Dachstuhl 205, Elektrische Anlage 207, Keller 217, Schaum 221, C – Allgemein 409, Tür öffnen 311

INDUSTRIE / GEWERBE | 216

⇒ ! Aufstellfläche DLK !
⇒ Langzeit-PA ? Wärmebildkamera
⇒ ? Zugangsmöglichkeiten, Hintereingang, Gebäuderückseite, Ver- und Entsorgungsschächte?
⇒ ? Personen in Gefahr ?
⇒ Energieversorgung: Gas, Elektro, Öl, PV
⇒ ! Lüftungs- und Aufzugsschächte beachten !
⇒ Aufzüge kontrollieren und stillsetzen
⇒ Obere Geschosse und Wohnungen kontrollieren (Bewohner möglichst in ihren Wohnungen belassen)
⇒ ! Atemschutzüberwachung !
⇒ ! Sicherheitstrupp 116 + Atemschutzüberwachung !
⇒ Blitzleuchten als Fluchtwegmarkierung
⇒ ggf. Verbindungsmann am Eingang oder Repeater postieren
⇒ Wenn kein Zugang mehr möglich, fluten mit Mittel- oder Leichtschaum ! Abluftöffnung !
⇒ Treppenraum mittels Lüfter entrauchen und rauchfrei halten
⇒ Wärmestau im Dach beachten
⇒ RWA nutzen
⇒ Taktische Ventilation 225
⇒ Hausmeister, Eigentümer, Energieversorger

⇒ Krankenhaus / Heime 218, Hochhaus 215, Wohnhaus 231, Schaum 221

KELLER 217

⇒ ? Objektpläne ?

⇒ Einweisung nachrückender Kräfte

- Bereitstellungsraum 104
- Wasserversorgung 229, 230 / Einspeisung

⇒ ? Personen in Gefahr ?

⇒ ? Besondere Gefahren ? (Strahlung 403, 404, 405, BIO 407, 408, Gase 415, Gasflaschen / -leitungen 421, 422, chemische Gefahren 409, MRT-Anlagen)

⇒ ! Angriff von außen prüfen, um Verrauchung von Fluren und Rettungswegen zu verhindern !

⇒ ? Haustechniker vor Ort ? Klinikleitung ?

⇒ ! Klima und Lüftungsanlage ausschalten !

⇒ ! Aufzüge kontrollieren und stillsetzen !

⇒ Geschosse kontrollieren (Versorgungs- und Aufzugsschächte etc. !)

⇒ ! Sicherheitstrupp 116 + Atemschutzüberwachung !

⇒ ? Horizontale Evakuierung 115 ?

⇒ Zu- und Abfahrten festlegen

⇒ Bei Stationsräumung pro Bett 1 Helfer. Mit zusätzlichen Kräften Türen besetzen

⇒ AL Betreuung, PSU

⇒ MANV 112, 113, SEG, LNA

⇒ Presse 114

⇒ ? Sofortmeldung ? 117

⇒ MRT = Magnetresonanztomographie

⇒ Dachstuhl 205, Keller 217, Taktische Ventilation 225

KRANKENHAUS / HEIME | 218

⇒ **Brandtemperaturen 2.000 °C – 3.000 °C**

⇒ **! Kein Wasser, kein Schaum, kein CO_2 !**

⇒ **? Brandbekämpfung überhaupt erforderlich ?**

⇒ **! Umgebung kühlen !**

⇒ **Löschmittel**

- Metallbrandpulver ______________________
- Trockener Sand (Sandsäcke)
- Salz (Straßenmeisterei) → ______________________
- ______________________
- Zement (Baustoffhandel) → ______________________
- ______________________
- Aufbringen der Löschmittel von Hand unter Hitzeschutz oder, wenn vorhanden, mittels Förderband, Kran, Teleskoplader o.ä.

⇒ Industrie / Gewerbe 216

METALLBRAND	219

⇒ ! Abstand halten !

⇒ Deckung ausnutzen

⇒ ? Welche Munitionsbrandklasse ?

⇒ ? Wie lange Brandeinwirkung ?

⇒ ? Welche Objekte befinden sich in der Umgebung ? Räumung ?

⇒ Entstehungsbrände sofort und massiv mit allen Mitteln löschen

⇒ Entwickelter Brand der Klassen 1, 2, 3 nicht mehr löschen

→ Rückzug

⇒ Abstände:
mit Deckung mind. 300 m
Klasse 1, 2: 1.000 m
Klasse 3, 4: 500 m

⇒ Warnung der Bevölkerung 120

⇒ Streitkräfte informieren

⇒ Ordnungsbehörde

⇒ Sofortmeldung 117

Massenexplosion, Splitter und andere Wurfstücke

Explosion, Splitter und andere Wurfstücke

Massenfeuer, teilweise Explosion, starke Rauch- und Nebelbildung

Feuer und Hitze (normaler Brand)

⇒ Klasse 1 425

MUNITION	220

⇒ **Windrichtung beachten**

⇒ **Löschwasserrückhaltung beachten**

⇒ **Flüssigkeitslachenbrand*: Fläche abschätzen → benötigter Löschmittelbedarf nach DIN 13565:**

Mengen die je 100 m² benötigt werden:					
	Schaummittel			Wasser	
Zumischung	0,5%	1%	3%	L/Min	Gesamt
brennbare Flüssigkeit nicht mischbar mit Wasser	20	40	120	400	6.500
Brennbare Flüssigkeit mischbar mit Wasser	50	100	300	650	10.000

⇒ **Schaum möglichst flach und sanft aufbringen, nicht direkt in die Flüssigkeit spritzen**

⇒ **Brandbekämpfung → Schwerschaum**

⇒ **Dampfunterdrückung → Mittelschaum**

⇒ **Raumflutung: Raumvolumen abschätzen → benötigter Löschmittelbedarf:**

Raumflutung Mittelschaum: Liter/m³				
Zumischung	0,5%	1%	3%	Wasser
Verschäumungszahl 50 50% Abbrand sind eingerechnet	0,2	0,4	1,2	40
	Schaummittel			

⇒ **Gebäudeöffnungen verschließen, bei geschlossenen Räumen Abluft schaffen**

⇒ **Schaumeinsatz → Löschwasserrückhaltung, Info Umweltbehörde, möglichst kein AFFF**

SCHAUM	221

⇒ ? Zufahrt zum Gewässer ?

⇒ Einweisung nachrückender Kräfte
- Bereitstellungsraum 104
- Wasserversorgung 229, 230

⇒ ? Personen in Gefahr ?

⇒ ? Personen im Wasser ? DLRG, Hubschrauber ?

⇒ ? Ladung ? → Papiere, Wasserschutzpolizei, Wasser- u. Schifffahrtsamt

⇒ Vorgehende Kräfte einweisen
- ! Vorsicht offene Luken ! Rutschgefahr !

⇒ ! Schwimmwesten ! (alle Kräfte am und auf dem Wasser !)

⇒ Wärmebildkamera / Fernthermometer einsetzen

⇒ ! Bestes Löschmittel Schaum 221 !

⇒ ! Wenn Löschmittel Wasser, dann gleichzeitig abpumpen !

⇒ ! Sicherheitstrupp 116 + Atemschutzüberwachung !

⇒ LF für Brandbekämpfung auf Fähre oder Brücke

⇒ Eventuell Drehleiter als Zugangsbrücke

⇒ Ölsperren für Schaum und Ladung

⇒ Zusammenarbeit mit Löschboot und Wasserschutzpolizei

⇒ Zuständige Wasserbehörde, Wasser- und Schifffahrtsamt

⇒ Sofortmeldung 117

⇒ Presse 114

SCHIFF 222

- ⇒ Aufstellfläche DLK !
- ⇒ Achtung bei Holzbalkendecken !?
- ⇒ Bei Flugfeuer oder Funkenflug Umgebung beobachten
- ⇒ ! Kein Wasser !
- ⇒ Schornstein fegen !
- ⇒ Alle Geschosse kontrollieren → Wärmebildkamera / Fernthermometer !
- ⇒ 1 Trupp unter PA in den Keller, 1 Trupp unter PA ins Dachgeschoss, Kübelspritze ggf. zum Kühlen der Kette
- ⇒ Alle Wohnungen kontrollieren → CO 410 !
- ⇒ Wenn Kamin zugelaufen → öffnen (hohe Temperaturen, CO 410 !)
- ⇒ u.U. CO-Messung !
- ⇒ Bezirksschornsteinfegermeister verständigen

⇒ Wohnhaus 231

SCHORNSTEIN 223

⇒ ! Trümmerschatten beachten !

⇒ Aufstellfläche DLK frei halten

⇒ ? Inhalt ?

⇒ ? Einspeisung vorhanden ?

⇒ ! Aufquellen beachten !
u.U. Entlastungsöffnung schaffen, Einsturz !?

⇒ ! Kontinuierliche Messung CO 410 an mehreren Stellen !

⇒ ? Welche Verbindungen bestehen zu anderen Anlagenteilen ?

⇒ ! Staubexplosion möglich !

⇒ Förderbänder und Ähnliches abschalten

⇒ ! Riegel aufbauen / Ausbreitung verhindern !

⇒ Bei Einsatz von Wasser Netzmittel zugeben

⇒ ggf. Gelbildner einsetzen

⇒ Silo mit Wärmebildkamera und Fernthermometer kontrollieren

⇒ Beim Entleeren ist mit Stichflammen / Durchzündung zu rechnen ! Besondere Vorsicht an Öffnungen !

⇒ Inertisierung prüfen (CO_2, Stickstoff) (Stickstoff ca. 1 kg/m^3)

⇒ Unterstützung durch Spezialfirmen
z.B. DMT (Deutsche Montan Technologie)
Notfallnummer 0231 / 53 33 237

⇒ Industrie / Gewerbe 216

SILO | 224

⇒ **AL für taktische Ventilation benennen**

⇒ **! Belüftung muss unbedingt abgestimmt bzw. koordiniert sein! Trupps innen informieren !**

⇒ **Rauchschutzvorhang in Takt. Vent. einbinden**

⇒ **TV vor der Brandbekämpfung durchführen, um nicht betroffene Bereiche rauchfrei zu halten !**

⇒ **! Zuerst Abluftöffnung (ggf. von außen) schaffen, dann Zuluftöffnung !**

⇒ **Abstand des Lüfters zur Öffnung entspricht etwa der Diagonalen der Öffnung**

⇒ **Lüfterleistung dosiert erhöhen**

⇒ **Abluftöffnung ggf. mit Strahlrohr sichern**

⇒ **! Kein Zugang durch Abluftöffnung !**

⇒ **Bei ausgedehnten Objekten Luftströmung mit Strömungstester überprüfen**

⇒ **Vorsicht bei Zwischendecken und ähnlichen Konstruktionen. Feuer und Rauch können in nicht einsehbare Bereiche gedrückt werden**

⇒ **Vorsicht bei unbekannten Objekten, wo Weg zwischen Zuluft- und Abluftöffnung nicht bekannt oder unklar ist**

⇒ **Bei mehrgeschossigen Gebäuden unten beginnen**

⇒ ! Wind und Gefälle bei der Anfahrt beachten !

⇒ Einweisung nachrückender Kräfte
- Bereitstellungsraum 104
- Wasserversorgung 229, 230

⇒ ! Stirnseiten des Tanks frei halten !

⇒ ! Umgebung beachten ! (Senken, Gebäude, Kanäle, Keller)

⇒ ? Welches Produkt ? Schaummittel geeignet ?

⇒ ? Kammern voll oder leer ?
(leere Kammern sind kritischer, volle Kammern werden von der Flüssigkeit im Innern gekühlt)

⇒ Oberseite des Tanks kühlen

⇒ Kombinierten Pulver- / Schaumangriff vortragen

⇒ Erst Schwerschaum, dann Mittelschaum

⇒ Dichtheit der Schaumdecke mit Ex-Meter kontrollieren (Ex-Schutz beachten)

⇒ Schaum 221

⇒ Löschwasserrückhaltung 435

⇒ Umweltamt, untere Wasserbehörde, Ordnungsbehörde

⇒ Presse 114

⇒ Sofortmeldung 117

⇒ TUIS

⇒ ? Absender ?

⇒ Fahrzeug (Feuer) 208, Gas 212, Klasse 3 427, Klasse 6 430, Klasse 8 432, Dekon 412, Tankzug (ABC) 440

TANKZUG (FEUER) 226

⇒ ? Objektpläne ?

⇒ Wärmebildkamera, Langzeitatemschutz

⇒ Einweisung nachrückender Kräfte
- Bereitstellungsraum 104
- Wasserversorgung 229, 230

⇒ ? Personen in Gefahr ?

⇒ ? Verbindungen zu anderen Gebäuden ?

⇒ ? Löschanlage vorhanden ?

⇒ ! Zugänge und Größe erkunden !
(Angriff möglichst über gesicherten Treppenraum unter Überdruckbelüftung aufbauen)

⇒ Hausmeister hinzuziehen

⇒ Garage räumen und durchsuchen

⇒ Blitzleuchten als Fluchtwegmarkierung nutzen

⇒ Kommunikation → bei Bedarf Repeater oder Verbindungsmänner einsetzen

⇒ Entrauchung 225

⇒ Lüftung aus- bzw. einschalten (je nach Art)

⇒ ! Sicherheitstrupp 116 + Atemschutzüberwachung !

⇒ Wenn kein rascher Löscherfolg → Schaum 221 einsetzen

⇒ Reserven bilden / für rechtzeitige Ablösung sorgen

⇒ Presse 114

⇒ Großgebäude 213, Hochhaus 215, Keller 217, Wohnhaus 231, Schaum 221

TIEFGARAGE 227

- ⇒ ! Objektpläne !
- ⇒ Funkorganisation, evtl. Gebäudefunk
- ⇒ ! Wärmebildkamera ! Langzeitatemschutz !
- ⇒ Einweisung nachrückender Kräfte
  - Bereitstellungsraum 104
  - Wasserversorgung 229, 230, Einspeisung
  - ? Alternative Zugänge ? Gegenröhre ?
- ⇒ ? Personen in Gefahr ?
- ⇒ ? Standort der Fahrzeuge ?
- ⇒ ? Fahrdraht abgeschaltet ?
- ⇒ ? Notausgänge als Angriffsweg ?
- ⇒ ! Sicherheitstrupp 116 + Atemschutzüberwachung !
- ⇒ Reservetrupps bereitstellen
- ⇒ Blitzleuchten als Fluchtwegkennzeichnung
- ⇒ ! Beleuchtung mitnehmen (Halogenstrahler) !
- ⇒ Wenn möglich von zwei Seiten angreifen
- ⇒ Notausgänge kontrollieren → geflüchtete Personen
- ⇒ ! Bei Lüftung Windrichtung beachten !
- ⇒ ! Zusammenarbeit mit Betreiber !
- ⇒ MANV 112, Behandlungsplatz 113, Betreuung
- ⇒ Presse 114
- ⇒ GW Atemschutz

⇒ Lüftung 225, Zug (Feuer) 232

TUNNEL / U-BAHN | 228

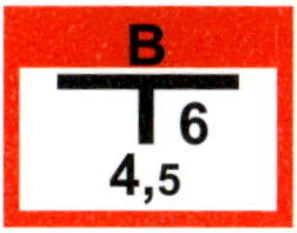

Löschwasserbrunnen
für Saugbetrieb
Q = mind. 400 l/min über 3 h

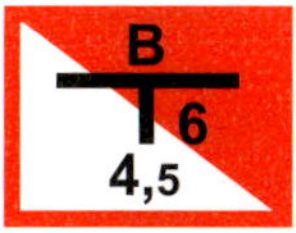

Löschwasserbrunnen
mit Tauchpumpe (TP)
Leistung der TP beachten

Saugstelle

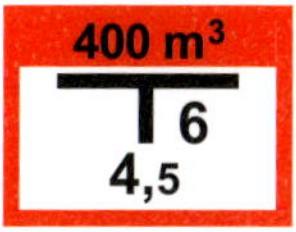

Löschwasserbehälter

Förderstrom l/min	400	800	1200		2400		3500	5000
Schlauchgröße	B	B	B	A	A	F	F	F
Druckverluste je 100 m in bar	0,3	1,1	2,5	0,4	1,5	0,2	0,4	0,8
Pumpenabstand in der Ebene in m	2150	590	260	1600	430	3250	1600	800
Differenz (+/-) in m je 1 bar Druckdifferenz	330	90	40	250	60	500	250	125

Geschlossene Schaltreihe, 1,5 bar Eingangsdruck, 8 bar Ausgangsdruck! Bei offener Schaltreihe sind größere Abstände möglich!

⇒ ! Wasserförderung planen ! 229

⇒ ! Stärkste Pumpe an die Saugstelle !

⇒ Wenn Förderstrom > 1.000 l/min, FPN 10/2000 oder zwei FPN 10/1000 parallel einsetzen

⇒ Stets Doppelleitungen legen (Redundanz und niedrigere Druckverluste)

⇒ Wenn Wasserentnahmestelle nicht mit Saugschläuchen erreichbar ist → TP 8 oder Turbinentauchpumpe

⇒ Wenn möglich, verschiedenfarbige Schläuche für Parallelleitungen benutzen

⇒ Alle 100 m (5 B-Längen) 1 Reserve B + Schlauchschellen ablegen

⇒ Reservepumpen vorsehen

⇒ Mindestens vor der Brandstellenpumpe Druckbegrenzungsventil einbauen

⇒ Bei Straßenquerung Verkehrsregelung → nur durch die Polizei !

⇒ ! Absicherung Schlauchbrücken mind. 50 m ! ! Bei Nacht ausleuchten !

⇒ Treibstoffversorgung sicherstellen

⇒ wenn möglich HFS nutzen

⇒ HFS = Hytrans Fire System (Hochleistungs-Wasserfördersystem)

WASSERVERSORGUNG	230

⇒ Zufahrten frei halten, Aufstellfläche DLK !

⇒ ? Personen in Gefahr ? Wo, wie viele ?

⇒ ! Rückseite erkunden !

⇒ ? Holztreppe – Holzbauweise ?

⇒ ? Gasanschluss ? (evtl. gelber Punkt)

⇒ ? Gas in der Wohnung ?

⇒ ? Verbindung zu anderen Gebäuden ?

⇒ Wenn möglich, sich in Nachbarwohnung Bild vom Grundriss machen

⇒ ! Sicherheitstrupp 116 + Atemschutzüberwachung !

⇒ Angriff von außen prüfen, um Verrauchung von Fluren und Rettungswegen zu verhindern

⇒ Treppenraum entrauchen oder rauchfrei halten Entrauchung 225

⇒ Geschosse kontrollieren, Räume kennzeichnen !

⇒ Aufzüge kontrollieren und stillsetzen

⇒ Räumung 115, Bewohner erfassen

⇒ AL Betreuung

⇒ Energieversorger, Sozialamt

⇒ Presse 114

⇒ Betreuung

⇒ MANV 112, 113, Dachstuhl 205, Hochhaus 215, Schornstein 223, Keller 217, Tiefgarage 227

WOHNUNG / WOHNHAUS | 231

- ⇒ Hinweise Eisenbahn 107 beachten !
- ⇒ ? Zufahrt, Objekt- / Alarmpläne ?
- ⇒ ? Einsatzmerkblätter Eisenbahnfahrzeuge 107 ?
- ⇒ Einweisung nachrückender Kräfte
  - Bereitstellungsraum 104
  - Wasserversorgung 229, 230
- ⇒ DB oder anderen Betreiber über Leitstelle verständigen
- ⇒ ! Notfallmanager anfordern !
- ⇒ ? Personen in Gefahr ?
- ⇒ Ladung → Lokführer, Fahrdienstleiter, Wagennummer 107
- ⇒ ? Gleis gesperrt ? Nachbargleise gesperrt ?
- ⇒ Sicherheitsabstände im Betrieb → 107
- ⇒ ! Wenn Oberleitung gerissen und Kontakt zum Zug → Kein Einsatz ! Vom Betreiber erst freischalten und erden lassen 107 !
- ⇒ Oberleitung kühlen – steht unter mechanischer Spannung → Peitscheneffekt
- ⇒ Zug gegen Wegrollen sichern (Handbremse, in Reisezugwagen innen, Güterwaggons außen)
- ⇒ Bei E-Lok eventuell Löschmittel CO_2
- ⇒ Diesellok → Kraftstoffmenge ggf. bis 6.000 Liter
- ⇒ Nicht betroffene Waggons abkuppeln lassen
- ⇒ Eindringen über Notausstiegsfenster möglich

⇒ Elektrische Anlage 207, Schaum 221, MANV 112, Presse 114, Behandlungsplatz 113, Eisenbahn 107, Zug (TH) 316

ZUG (FEUER) 232

Notizen

233

Notizen

234

Teil 300 Technische Hilfeleistung

⇒ Fahrzeugaufstellung (Trümmerschatten, Zufahrten, Seilwinde, DLK, RTW etc.)

⇒ Lage / Objekt umfassend erkunden

⇒ ? Menschen, Tiere, Sachwerte, Umwelt in Gefahr ? Ist es ein Einsatz für die Feuerwehr ?

⇒ Ist der Eigenschutz gewährleistet ?

⇒ Ist die Situation stabil oder ist eine Verschlechterung möglich ?

⇒ Wenn instabil, Sicherungsmaßnahmen, Lage stabilisieren

⇒ ? Reichen eigene Kräfte und Geräte sicher aus ?

⇒ ? Sind weitere Behörden, Spezialkräfte oder Stellen zu verständigen ?

⇒ MANV 112, 113

⇒ Presse 114

⇒ Sofortmeldung 117

„Hängenbleiben“

⇒ ? Objektpläne ?

⇒ Menschen in der Kabine beruhigen und betreuen

⇒ Im Triebwerkraum den Hauptschalter betätigen (ausschalten) und in der Kabine den „Stopp-Taster“ betätigen lassen

⇒ Die Kabine ins nächste Geschoss aufkurbeln, nicht ablassen !

⇒ Kabinenboden sollte bis ca. 20 cm unter Geschossboden gefahren werden

⇒ Bei hydraulischen Aufzügen über Ventil

⇒ Schachttür mittels Schlüssel öffnen

⇒ Aufzug außer Betrieb nehmen, an Betreiber übergeben bzw. Wartungsfirma verständigen

Sonstige Notfälle

⇒ Anlage ausschalten s.o.

⇒ Kabine gegen „Absturz“ sichern

⇒ Schacht sichern

⇒ Eingesetzte Kräfte gegen Absturz sichern

! Eigenschutz geht vor Menschenrettung !

⇒ ! Spannungstrichter beachten ! 20 m Abstand halten – wenn Leitung am Boden ! Absperren !

⇒ Energieversorger verständigen

⇒ Abschalten der Anlage schriftlich bestätigen lassen

⇒ Nach dem automatischen Abschalten ist es möglich, dass eine Prüfspannung durch die Leitung geschickt wird

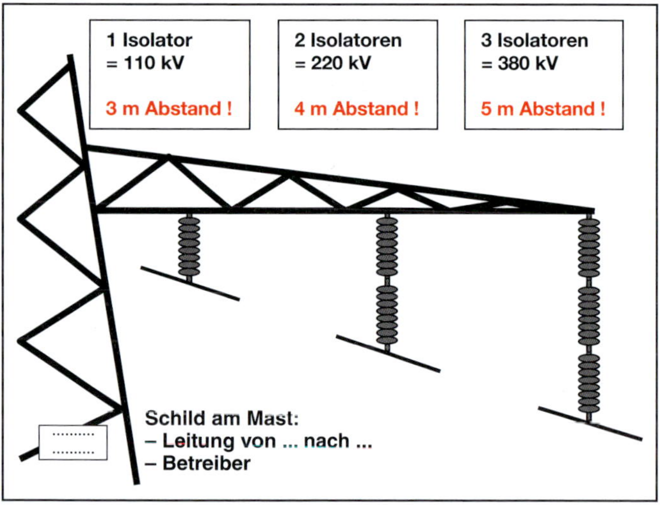

FREILEITUNG 302

⇒ Bereitstellungsräume 104 anfahren lassen

⇒ Nicht zu nah an das Objekt heranfahren !

⇒ ! Erschütterungen vermeiden !

⇒ ! Trümmerschatten beachten !

⇒ ! Ex-Schutz / Überwachung !

⇒ ? Person verschüttet 307 ? Handy ?

⇒ ? Wie viele Personen betroffen ? → Melderegister

⇒ ? ABC 400 betroffen ?

⇒ ? Nachbargebäude betroffen ?

⇒ ! Oberste Priorität Sicherheit der eigenen Kräfte ! Weiträumig absperren → Polizei

⇒ Gerettete Personen erfassen

⇒ Gebäude / Trümmer beobachten

⇒ Bei Wassereinbruch → Tauchpumpe

⇒ Trümmer von Hand abtragen → Fließband

⇒ Wärmebildkamera, Endoskopkamera, Drohne

⇒ Reserven bilden !

⇒ Energieversorger

⇒ Rettungshunde, THW-Horchtrupp

⇒ Statiker und Baufachberater (THW) hinzuziehen

⇒ Abstützen: THW, FW mit Spezialeinheiten

⇒ Presse 114

⇒ Betreuung

⇒ PSU

⇒ MANV 112, Behandlungsplatz 113, Person – verschüttet 307

GEBÄUDEEINSTURZ 303

⇒ ? Objektpläne ?
⇒ Höhenrettungsgruppe anfordern 110
⇒ Möglichst Verzicht auf Sondersignale
⇒ ? Welche Zugangsmöglichkeiten ?
⇒ Eigensicherung
⇒ Nachrückende Kräfte einweisen
⇒ Absprache über Vorgehen mit Polizei Funkkanäle 108
⇒ ! Kein Megafon !
⇒ ! Erfahrenen Kollegen zur Person !
⇒ DLK vorbereiten
⇒ Sprungpolster / Sprungretter vorbereiten (außer Sicht !)
⇒ Gegebene Versprechen unbedingt einhalten bzw. nichts versprechen, was man nicht halten kann !
⇒ Ordnungsbehörde und Polizei verständigen
⇒ PSU

PERSON – DROHT ZU SPRINGEN	304

! Anlage freischalten und gegen Wiederanlaufen sichern !

⇒ ! Fachpersonal hinzuziehen !

⇒ Schaulustige entfernen

⇒ Patienten psychologisch betreuen

⇒ Technische Rettung mit Rettungsdienst / Notarzt absprechen

⇒ Lage stabilisieren (Keile, hydraulische Heber, Hebekissen)

⇒ Patienten befreien (Demontage der Anlage)

⇒ Bei Heißarbeiten Wärmeleitung und Brandschutz beachten !

⇒ Zuständige Arbeitsschutzbehörde verständigen

⇒ PSU

⇒ ? Objektplan ?!

⇒ ! Atemschutz !

⇒ ! Ex-Schutz !

⇒ Aufstellfläche DLK beachten

⇒ ? Tiefe ?

⇒ Bei großen Tiefen Höhenretter nachfordern

⇒ ? ABC 400 als Ursache ?

⇒ u.U. Messung (giftige Stoffe, Ex-Stoffe)

⇒ Eigene Kräfte sichern (anleinen) DLK / Bockleiter + Standrohr oder Brechstange / Dreibein

⇒ Einsatz zeitkritisch – Sofortrettung – Rettung kopfüber mittels Fußschlaufe, C-Schlauch

⇒ Einsatz nicht zeitkritisch – schonende Rettung – Marinetrage, Korbtrage, KED-System, Rettungsdienst zur Person

⇒ Licht, Belüftung

⇒ Messung / Probe zur Beweissicherung

⇒ Höhenrettungsgruppe 110

⇒ PSU

⇒ Gasausströmung 415

PERSON – IN SCHACHT | 306

⇒ Mind. 30 m Abstand mit Fahrzeugen (Erschütterungen) Bereitstellungsraum 104

⇒ AB-Bau / THW / Bauunternehmen anfordern

⇒ ! Saugbagger, Saugwagen anfordern !

Tel.: ....

⇒ Eigenschutz beachten

⇒ Gräben nur von der Stirnseite her betreten

⇒ ? Vorgehen über DLK ?

⇒ ? Alternative Zugänge ? u.U. Gebäude ?

⇒ ? Letzter Aufenthaltsort des Verschütteten ?

⇒ ? Wetter ?

⇒ Frühzeitig Rettungshundestaffel anfordern

⇒ Kopf schützen z.B. PA + Maske anlegen oder Lüfterlutten verwenden

⇒ Nachrutschen von Erdreich verhindern

⇒ Verhindern, dass Person weiter abrutscht (Unterbauen oder Anleinen möglich ?)

⇒ Grabungsarbeiten nur mit geeignetem Material, Verletzungsgefahr für den Betroffenen!

⇒ Versorgungsleitungen beachten Gas, Strom, Wasser-, u.U. Tauchpumpe einsetzen

⇒ Eventuell mit Wärmebildkamera oder Endoskop, THW-Horchtrupp

⇒ PSU

PERSON – VERSCHÜTTET	307

! Not-Aus betätigen !

⇒ Posten an den Treppenzugängen postieren

⇒ Motorraum suchen (meistens oben), Hauptschalter auf „Aus“ stellen

⇒ Wenn möglich, Sicherungen entfernen

⇒ Haustechniker / Fachfirma hinzuziehen

⇒ Treppe kann im Motorraum im Normalfall von Hand bewegt werden, jedoch ist meistens eine mechanische Rücklaufsperre vorhanden

⇒ Stufen können nur an der unteren Umkehrstelle ausgebaut werden, ansonsten müssen sie zerstört werden

ROLLTREPPE 308

⇒ ? Objektplan ?

⇒ Zu- und Abfahrten / Aufstellflächen beachten (RW, Rettungsdienst, Kran)

⇒ Verkehrsbetrieb verständigen

⇒ ? Fahrer / Patienten betroffen ?

⇒ ? Fahrgäste / Passanten betroffen ?

⇒ Verkehrssicherung (Straße, betroffenes Gleis, andere Gleise)

⇒ ! Betroffene Personen betreuen: Fahrer / Fahrgäste / Passanten !

⇒ MANV 112, 113

⇒ Stromabnehmer einholen

⇒ Fahrdraht freischalten und erden

⇒ Zug gegen Wegrollen sichern (Bremse, Hemmschuh)

⇒ ! Bahn möglichst beidseitig anheben ! Hubarbeiten planen und koordinieren

⇒ ! Unterbauen !

⇒ Nur an Hebepunkten ansetzen

⇒ PSU

⇒ Presse 114

⇒ VU – Allgemein 312, Zug (TH) 316

STRASSENBAHN | 309

⇒ ! Möglichst keine Sondersignale in der Nähe des Tieres !

Veterinär ____________________

Landwirt ____________________

Zoo ____________________

Fachgeschäft ____________________

Zirkus ____________________

Förster ____________________

Tierarzt ____________________

⇒ ! Keine Hektik und Unruhe verbreiten !

⇒ ! Eigene Kräfte nicht gefährden !

⇒ Betroffenes Tier abschirmen

⇒ Nur unmittelbar benötigtes Personal in der Nähe des Tieres dulden

⇒ Tier gut zureden (Bezugsperson)

⇒ Schutzkleidung (Helm, Handschuhe)

⇒ u.U. CO_2-Löscher zur Betäubung verwenden (in geschlossenen Räumen ohne Schneedüse !)

⇒ Transportmöglichkeiten über Landwirte

⇒ DLK-Aufstellfläche

⇒ ? Welche Etage ?

⇒ ? Geöffnetes Fenster oder Balkontür mit Leiter von außen erreichbar ?

⇒ ? Gefahr im Verzug ? Ansonsten Weg des geringsten Widerstands und der geringsten Beschädigung wählen !

⇒ Tür zugezogen (Fallendraht) oder abgeschlossen (Ziehfix), Brechwerkzeug

⇒ Geschlossene Fenster
→ mit Schraubendreher i.d.R. leicht aufzuhebeln

⇒ Gekipptes Fenster
→ Fensterfix

⇒ Sicherung der Wohnung durch Polizei

Öffnen einer Stahltür:
- Spreizer
- Herausschlagen der Bolzen
- Durchtrennen der Türbänder
- Zieh-Fix
- Abdrehen oder Abschlagen des Zylinders
- Vorschlaghammer an den Türbändern

Öffnen von Rolltoren

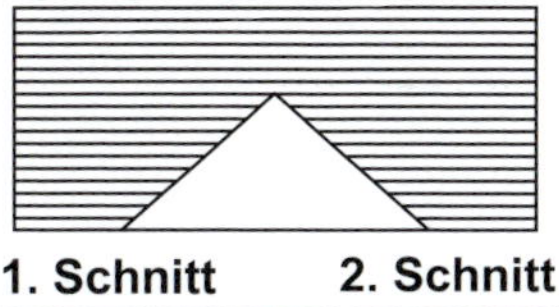

TÜR ÖFFNEN | 311

⇒ Eigenschutz (Warnkleidung, Ausleuchtung, Fahrzeugaufstellung)

⇒ Zu- und Abfahrten / Aufstellflächen beachten (RW, Rettungsdienst, RTH)

⇒ Verkehrssicherung BAB 600 m vor Unfallstelle !

⇒ ? Wie viele Verletzte ? MANV 112, 113

⇒ ? Betroffene Personen komplett ?

→ Wärmebildkamera (Sitz bzw. Umgebung)

⇒ ? Alle Fahrzeuge vorhanden ? (Böschung, Gebüsch, Unterholz) → Wärmebildkamera

⇒ ? Betriebsmittel ? ABC 400, Alternative Antriebe 101

⇒ 3-facher Löschangriff (Pulver + Wasser + Schaum)

⇒ VU – Lkw 313, VU – Pkw 314

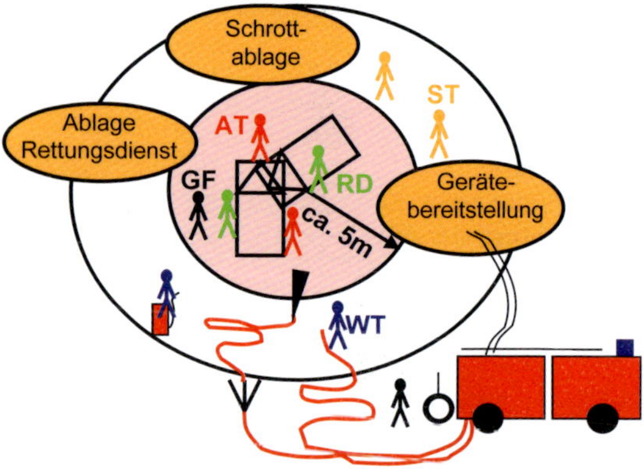

⇒ Autobahn 103, Fahrzeug (Feuer) 208, Alternative Antriebe 101

VU – ALLGEMEIN 312

⇒ Fahrzeugaufstellung (Seilwinde, Bühne, RTW)

⇒ ? Betriebsstoffe ? Bis zu 1.600 l Diesel !

⇒ ? Gasheizung ?

⇒ ? Ladung ?

⇒ ! Schlafkabine beachten !

⇒ Motor-Stopp ggf. mittels CO_2

⇒ Glasmanagement

⇒ 1. Zugangsöffnung ! 2. Personen betreuen ! 3. Personen retten !

⇒ Fahrerhausfederung blockieren

⇒ Rettungsplattform bereitstellen

⇒ Kfz um den Patienten herum entfernen

⇒ ! Sofort-Rettung nur bei akuter Lebensgefahr !

⇒ u.U. Befreien durch Ablassen der Luft aus dem Sitz möglich → nur nach Rücksprache mit RD / NA

⇒ Batteriehauptschalter

⇒ u.U. Zugang von hinten oder über Dach schaffen

⇒ Bindemittel erhöhen u.U. die Brandgefahr !

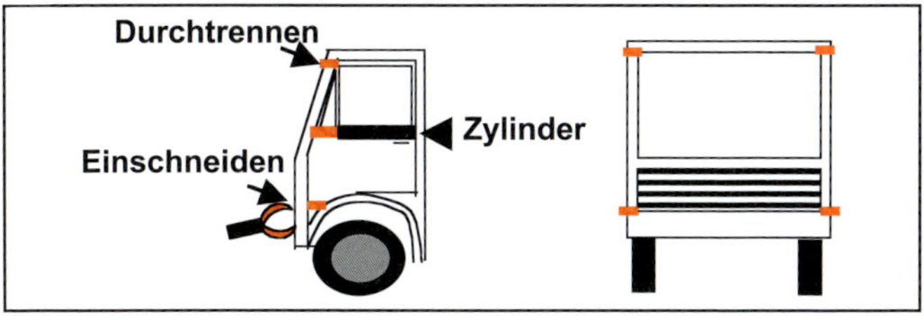

⇒ Autobahn 103, Tankzug (Feuer) 226, ABC – Allgemein 400, Tankzug (ABC) 440, Stückgut 439, Alternative Antriebe 101

VU – LKW | 313

⇒ Fahrzeugaufstellung (Seilwinde, RTW)

⇒ ? Airbag !? Sicherheitsabstand 30 – 60 – 90

⇒ ? Besondere Gefahren (z.B. alternative Antriebe, Kofferrauminhalt) ?

⇒ ? Rettungskarte, QR Code (Tank, B-Säule, Schieber) ?

⇒ Löschmittelbereitstellung

⇒ Kfz stabilisieren

⇒ Glasmanagement

⇒ 1. Zugangsöffnung !
2. Personen betreuen !
3. Personen retten !

⇒ Innenverkleidung entfernen → Airbagscanning

⇒ Kfz um den Verletzten herum entfernen, nicht Patienten aus dem Kfz herausholen !

⇒ ! Sofort-Rettung nur bei akuter Lebensgefahr !

⇒ u.U. Flutlichtstrahler zum Wärmeerhalt

⇒ Zündung aus, Vorsicht, Sitz kann zurückfahren

⇒ Batterie abklemmen → elektr. Fenster etc. beachten !

⇒ Bindemittel erhöhen u.U. die Brandgefahr !

⇒ Internet: www.rettungsleitfaeden.de

⇒ Alternative Antriebe 101

⇒ VU – Allgemein 312

⇒ Autobahn 103, Fahrzeug (Feuer) 208

VU – PKW | 314

⇒ **Eigene Kräfte sichern (Schwimmweste, Überlebensanzug, anleinen, keine Helme !)**

⇒ **Sicherheitsgurt in Leine einknoten (zuwerfen)**

⇒ **Standheizung in Betrieb nehmen**

⇒ **Taucherstaffeln anfordern**

⇒ **Hubschrauber 111 / Drohne**

⇒ **? DLK möglich ?**

⇒ **? Zeugen? Letzter Aufenthaltsort ?**

⇒ **? Wann und wo das letzte Mal gesehen ? WBK !**

⇒ **Absprache mit Rettungsdienst „Bergungstod"**

⇒ **Rettungsmittel: Feuerwehrleine**
Kernmantelseil
Schläuche
Steckleiterteile
DLK
Schleifkorb

⇒ **Kälteschutz beachten**

⇒ **PSU**

⇒ Hinweise Eisenbahn 107 beachten !

⇒ ? Zufahrt, Objekt- / Alarmpläne ?

⇒ ? Einsatzmerkblätter Eisenbahnfahrzeuge 107 ?

⇒ Einweisung nachrückender Kräfte
- Bereitstellungsraum 104
- Wasserversorgung 229, 230

⇒ DB oder anderen Betreiber über Leitstelle verständigen

⇒ ! Notfallmanager anfordern !

⇒ ? Personen in Gefahr ?

⇒ ? Ladung → Lokführer, Fahrdienstleiter Wagennummer ?

⇒ ? Gleis gesperrt ? Nachbargleise gesperrt ?

⇒ Sicherheitsabstände im Betrieb → 107

⇒ ! Wenn Oberleitung gerissen und Kontakt zum Zug → Kein Einsatz ! Vom Betreiber erst freischalten und erden lassen !

⇒ ? Anzahl Betroffene ?

⇒ Abstand zu abgerissener, auf dem Boden liegender Fahrleitung → mindestens 10 m

⇒ Eindringen über Notausstiegsfenster möglich

⇒ Zug gegen Wegrollen sichern (Handbremse, in Reisezugwagen innen, Güterwaggons außen)

⇒ Raum ordnen, Waggons nummerieren

⇒ Diesellok → große Kraftstoffmenge

⇒ Nicht betroffene Waggons abkuppeln lassen

⇒ MANV 112, Behandlungsplatz 113, Presse 114, Hubschrauber 111, Zug (Feuer) 232, ABC – Allgemein 400, Eisenbahn 107

ZUG (TH) 316

⇒ **Welche Last muss bewegt werden ?**

⇒ **Reibung verringern z.B. Wasser, Schaummittel**

⇒ **Welches Zugmittel geeignet ? (Seilwinde, Greifzug, Spreizer, Rettungszylinder)**

⇒ **Kompatibilität der Anschlagmittel beachten**

⇒ **Festpunkt geeignet ? (bei Fahrzeugen Gewicht x 0,9 bei trockenem Asphalt)**

⇒ **Anschlagwinkel beachten**

⇒ **Sicherheitsabstand = Seillänge x 1,5**

⇒ **Erdanker:**

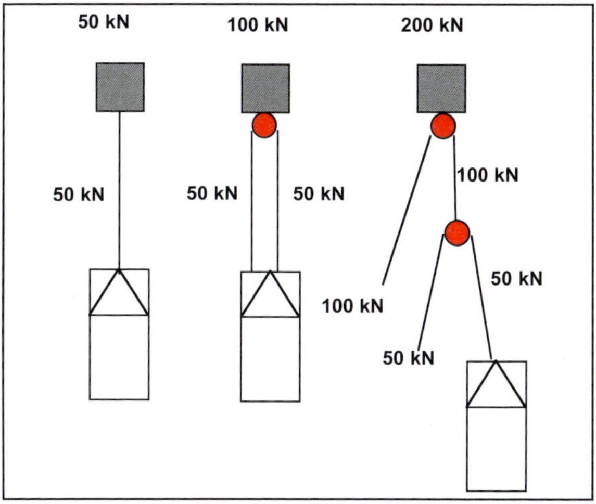

ZUGARBEITEN 317

Notizen

318

Teil 400
ABC

⇒ ? Objektpläne ?

⇒ ! Auf der Anfahrt Windrichtung beachten ! ggf. von verschiedenen Seiten anfahren

⇒ ! 50 m Abstand ! Fernglas benutzen !

⇒ ? Menschen oder Tiere in Gefahr ?

⇒ Umfassend erkunden

⇒ Tiefer gelegene Räume, Kanäle, Schächte etc. beachten !

⇒ Stoffidentifikation 438 (Kennzeichnung, Ladepapiere, Fahrer, eigene Wahrnehmungen, Messungen)

⇒ ! Rückmeldung !

⇒ Abschnitt Dekon 412

⇒ 3-fachen Löschangriff aufbauen (Pulver, Wasser, Schaum 221)

⇒ ! Sicherheitstrupp 116 + Atemschutzüberwachung !

⇒ Produkt: Auffangen 406, Abdichten 402, Umpumpen 441

⇒ Warnung der Bevölkerung 120 ?

⇒ Sofortmeldung 117 ?

⇒ Polizei, Wasser-, Ordnungsbehörde, Umweltamt, Tiefbauamt

⇒ Reserven bilden und Spezialkräfte (TUIS, ATF) anfordern

⇒ Presse 114

ABC – ALLGEMEIN | 400

⇒ ! Objektplan !

⇒ ! Ex-Schutz beachten !

⇒ ! Hausmeister / Fachkundigen hinzuziehen ! Verbindungsperson des Hauses zur Einsatzleitung

⇒ ! Stoffinformation einholen 438 ! (Betreiber, Sicherheitsdatenblätter) Welche Gefahr für Personen im Gebäude, welche außerhalb ?

⇒ ? Verbindungen der betroffenen Räume zu anderen Räumen ? Öffnungen ins Freie ? Kanäle bzw. Abfluss ?

⇒ Gefahrenbereich spätestens bei
- Ex-gefährlichen Stoffen bei 10 % UEG
- Schadstoffen bei Erreichung ETW
- radioaktiven Stoffen bei 25 µSv/h

⇒ ! Klima und Lüftungsanlage abstellen !

⇒ Taktische Ventilation 225

⇒ Vorgehende Trupps gründlich einweisen

⇒ Zugangskontrolle / im Gebäude Schleuse errichten (Folie auslegen, Staubsauger) keine Kontaminationsverschleppung !

⇒ Dekon 411

⇒ Erfassung betroffener Personen

⇒ Sofortmeldung 117

⇒ Arbeitsschutzbehörde

⇒ Presse 114

⇒ MANV 112

ABC – IM GEBÄUDE	401

⇒ **Keile** (Holzkeile nicht einsetzbar bei mit organischen Materialien reagierenden Stoffen)

⇒ **Leckdichtpaste**

⇒ **D-Schlauch in Verbindung mit Kübelspritze**

⇒ **Leckdichtkissen**

⇒ **Denso-Binde** (bei verdünnten Laugen, Säuren, Kohlenwasserstoffen, Klebstoff kann angelöst werden)

⇒ **Alu-Klebeband (Vorsicht bei Säuren !)**

⇒ **Hebekissen mit Zubehör**

⇒ **Rohrmanschetten**

⇒ **Rohr mittels Spreizer quetschen**

⇒ **Wasservorlage** (nur bei mit Wasser nicht mischbaren, nicht reagierenden Stoffen, die leichter als Wasser sind)

⇒ **Vereisen mit Wasser / CO_2**

⇒ **Verstemmen mit Werkzeug**

⇒ **Wenn Abdichten nicht möglich, Produkt auffangen und in Behälter zurückpumpen**

gemessene Dosisleistung		max. Aufenthaltsdauer nach Einsatzart (FwDV 500)					
		Sachwerte 20 mSv		Schadenausweitung 100 mSv		Menschenrettung 250 mSv	
µSv/h	mSv/h	Std	Min	Std	Min	Std	Min
25	2	800	600	4.000	3.000	10.000	7.500
50	4	400	300	2.000	1.500	5.000	3.750
100	6	200	200	1.000	1.000	2.500	2.500
125	8	160	150	800	750	2.000	1.875
150	10	133	120	667	600	1.667	1.500
175	15	114	80	571	400	1.429	1.000
200	20	100	60	500	300	1.250	750
225	30	89	40	444	200	1.111	500
250	40	80	30	400	150	1.000	375
275	50	73	24	364	120	909	300
300	100	67	12	333	60	833	150
325	150	62	8	308	40	769	100
350	200	57	6	286	30	714	75
375	250	53	5	267	24	667	60
400	300	50	4	250	20	625	50
425	350	47	3	235	17	588	43
450	400	44	3	222	15	556	38
500	450	40	3	200	13	500	33
550	500	36	2	182	12	455	30
600	550	33	2	167	11	417	27
650	600	31	2	154	10	385	25
700	650	29	2	143	9	357	23
750	700	27	2	133	9	333	21
800	800	25	2	125	8	313	19
900	900	22	1	111	7	278	17
1.000	1.000	20	1	100	6	250	15
1.200	1.200	17	1	83	5	208	13
1.400	1.400	14	1	71	4	179	11
1.600	1.600	13	1	63	4	156	9
1.800	1.800	11	1	56	3	139	8

Sonderausrüstung

GF:	Filmdosimeter, bei Erkundung Dosisleistungsmesser (DLM)
AT:	Filmdosimeter, Dosiswarner, Dosisleistungsmesser, Körperschutz nach Lage
WT:	Filmdosimeter, Dosiswarner, Dosisleistungswarner, Körperschutz nach Lage
ST:	Reaktoranzüge, ABEK-Filter, Großflächenzählrohr, Filmdosimeter

Bei Feinstäuben, Flüssigkeiten, Gasen und Dämpfen CSA für AT + WT, zur Menschenrettung Form 2

⇒ **Gefahrenbereich spätestens bei 25 µSv/h**

⇒ **Stoffidentifikation**

⇒ **Keine Nahrungsaufnahme, nicht rauchen**

⇒ **Dosisrichtwerte:**

– Schutz Sachwerte u. Umwelt	20 mSv/Einsatz/Jahr
– Schutz Menschen o. Gesundheit	100 mSv/Einsatz/Jahr
– Menschenrettung, verh. Katastrophe	250 mSv/Einsatz/Leben

⇒ **Aufenthaltsdauer begrenzen, siehe Tabelle 403**

⇒ **Abstand halten mind. 1 m, Deckung ausnutzen**

⇒ **Abschalten, wenn technische Quelle**

⇒ **Kontamination vermeiden ! Körperschutz !**

⇒ **Inkorporation ausschließen ! Atemschutz !**

⇒ **! Geschlossene Behältnisse niemals öffnen !**

⇒ **ab 100 mSV Dosis → Einsatz nur freiwillig**

⇒ **! Dokumentation ! ab Dosis 20 mSV → erm. Arzt**

⇒ **Arbeitsschutzbehörde, Ordnungsbehörde verständigen**

⇒ **Presse 114, Sofortmeldung 117**

⇒ Dekon – A 412

A-EINSATZ – GRUNDSÄTZE 404

⇒ ! Sonderpläne beachten !

⇒ ? Fachkundiges Betriebspersonal anwesend ?

⇒ ? Um welches Nuklid handelt es sich ?

⇒ Aufenthaltsdauer begrenzen 403

Feuerwehr !

Gefahrengruppe I

- Einsatz ohne Sonderausrüstung möglich
- mindestens aber Atemschutz

Feuerwehr !

Gefahrengruppe II

- nur mit Sonderausrüstung und PA tätig werden
- bei Menschenrettung Körperschutz F1, sonst Form 2
- Gefahrenbereich ab 25 µSv/h oder 5 m vor Eingang
- Dekonplatz einrichten ! 411, 412
- ! Dokumentation !

Feuerwehr !

Gefahrengruppe III

- nur mit Sonderausrüstung tätig werden
- Form 2 oder 3 nach Lage
- Einsatz nur bei Anwesenheit eines Sachverständigen (außer zur Menschenrettung)
- sonst siehe Gefahrengruppe II
- Dekonplatz einrichten ! 411, 412
- ! Dokumentation !

A-EINSATZ – IM GEBÄUDE

405

⇒ ! Bindemittel erhöht unter Umständen die Entzündbarkeit !

⇒ Faustregel für Auffangbehälter:

- entzündbare Flüssigkeiten → Metall
- Säuren, Laugen → Kunststoff verwenden

⇒ GFK-Stapelbehälter

⇒ Edelstahleimer 15 l – Mulde 10 l

⇒ Schuttmulde 10 l (Sauberkeit beachten u.U. Reaktionsgefahr)

⇒ Plane 4 x 4 m

⇒ Überfass

⇒ Edelstahlbehälter (DIN-Ausstattung GWG) ca. 500 l pro Stück

⇒ Verkehrsleitkegel als Trichter

Auffangraum

⇒ Behälter mit Folie unterlegen

⇒ Potentialausgleich 437

⇒ Muss gut zu erreichen sein (Umfüllen)

⇒ Ex-Überwachung der Umgebung

⇒ Vorhandene Zündquellen (Kfz, Generator müssen bei entzündbaren Flüssigkeiten höher liegen als Auffangraum)

⇒ **I B – Einsatz ohne Sonderausrüstung möglich 408**

⇒ **II B – Einsatz nur mit Sonderausrüstung und unter Einhaltung besonderer Hygienemaßnahmen 408**

- PA
- Körperschutz mindestens Form 1, ggf. Form 2
- Infektionsschutzhandschuhe unter Feuerwehrhandschuhen

⇒ **III B – Einsatz nur mit Sonderausrüstung und unter Einhaltung besonderer Hygienemaßnahmen, Anwesenheit fachkundiger Personen erforderlich 408**

- siehe II B, zusätzlich bei Maßnahmen ohne Brand CSA (Körperschutz Form 3)

⇒ **! Keine Belüftung → Freisetzung von Mikroorganismen !**

⇒ **? Ist Anlagentechnik wie Lüftung, Schleuse etc. betroffen ?**

⇒ **? Hygieneplan vorhanden ?**

⇒ **Vor Tierrettung Rücksprache mit Verantwortlichen**

⇒ **Dekon 411, 413**

⇒ **Arbeitsschutzbehörde, Umweltamt, Ordnungsbehörde, Betreiber, Gesundheitsamt**

⇒ **Presse 114**

⇒ **! Sicherheitstrupp 116 + Atemschutzüberwachung !**

⇒ **Sofortmeldung**

⇒ Industrie / Gewerbe 216, Löschwasserrückhaltung 435, Bio – Übersicht 409

BIO – ALLGEMEIN | 407

	Biologische Gefahrengruppen		
	I B	II B	III B
Sicherheitsstufe	S1, L1, P1, R1	S2, L2, P2, R2	S3, L3, P3, R3 S4, L4, P4, R4
Risiko	Sehr gering	Gering	Mäßig Hoch
Atemschutz	Kein	Mind. Filter ABEK2-P3	Umluftunabhängig
Körperschutz	Feuerwehr-Schutzkleidung	Flüssigkeitsabweisende Kleidung, Gummihandschuhe, Gummistiefel, Kontaminationsschutzhaube, ggf. Körperschutz Form 2	CSA (Körperschutz Form 3) außer bei Feuer
Besondere Gefahren			Durch die Luft übertragbar
Sonstiges	Verunreinigte Kleidung wechseln	Löschwasser sparsam einsetzen, Desinfektion und Reinigung von Kleidung und Geräten	Löschwasserrückhaltung, Desinfektion und Reinigung von Kleidung und Geräten Einsatz nur mit Erlaubnisinhaber
S = Sicherheitsstufen L = Labore P = Produktion R = Risikogruppe			

⇒ **Möglichst immer Fachkundigen hinzuziehen**

BIO – ÜBERSICHT 408

Gefahrenbereich spätestens bei 10 % UEG oder ETW

⇒ **I C: Haushaltschemikalien bis 1.000 kg besondere Gefahren nicht zu erwarten**
- **Güter mit geringer Gefahr**

Schutzkleidung:
Normale Schutzkleidung + PA

⇒ **II C: Haushaltschemikalien über 1.000 kg**
- **Güter mit mittlerer Gefahr**
- **Produkte, die im Brandfall C-Stoffe bilden**
- **Schwimmbäder mit Chloranlage**
- **Kühlanlage mit Ammoniak**

Schutzkleidung:
Sonderausrüstung, mind. Körperschutz Form 1 + PA

⇒ **III C: sehr große Mengen gefährlicher Chemikalien**
- **Güter mit hoher Gefahr**
- **Sprengstoffe (Erzeugung, Lagerung, Verarbeitung)**
- **Militärische Anlage mit Munition und/oder Kampfstoffen**
- **Bereiche, die die Anwesenheit einer fachkundigen Person erforderlich machen**

Schutzkleidung:
Sonderausrüstung, mind. Körperschutz Form 2 o. 3 + PA

C – ALLGEMEIN	409

⇒ geringf. leichter als Luft, Luftvergleichszahl 28, ! Messungen im gesamten Raum nötig !

⇒ ! giftig, farb, geruchlos, erzeugt keine Atemnot !

⇒ ! diffundiert durch Wände und Decken !

⇒ ! direkt angrenzende Räume immer messen !

⇒ ! hochentzündlich, Ex-Bereich 10,9 % bis 74 % !

263
1016

Wert	CO	Maßnahmen
< 30 ppm	möglich	? mögl. Quelle vorh. ? ! Messen !
> 30 ppm	sicher vorhanden	Evakuierung betroffener Bereich, schnelle, zeitkontrollierte Rettung, umluftunabhängiger Atemschutz, CO Quelle schließen, Lüften, Fachberater (EVU, Schornsteinfeger)
> 60 ppm	erhöhte Konzen-tration	Evakuierung gesamter Bereich, schnelle, zeitkontrollierte Rettung, umluftunabhängiger Atemschutz, CO Quelle schließen, Lüften, Fachber., gesamtes Objekt messen
> 200 ppm	gefährlich hohe Konzen-tration	Evakuierung gesamter Bereich, Sofortrettung, umluftunabhängiger Atemschutz, CO Quelle schließen, Lüften, Fachber., Nachbarobjekt messen Patienten u. ungeschützte Einsatzkräfte CO-Hb Test, ? Druckkammer ?

CO – Kohlenstoffmonoxid | 410

⇒ **Abschnittsleiter Dekon + mind. 1 Staffel + TLF**

⇒ **Bei Einsatz eines Trupps ist mind. sofort Notdekon (Schnellangriff) vorzusehen**

⇒ **Dekonplatz am Rande des Gefahrenbereiches an Wind abgewandter Seite errichten**

⇒ **Schmutzwasser in geschlossenem Behälter auffangen**

⇒ **Anzüge sofort nach Ausstieg des Trägers schließen und verpacken (Datum + Stoff vermerken), im Gefahrenbereich lagern**

⇒ **Dekon – A 412**

⇒ **Dekon – BIO 413**

⇒ **Dekon – C 414**

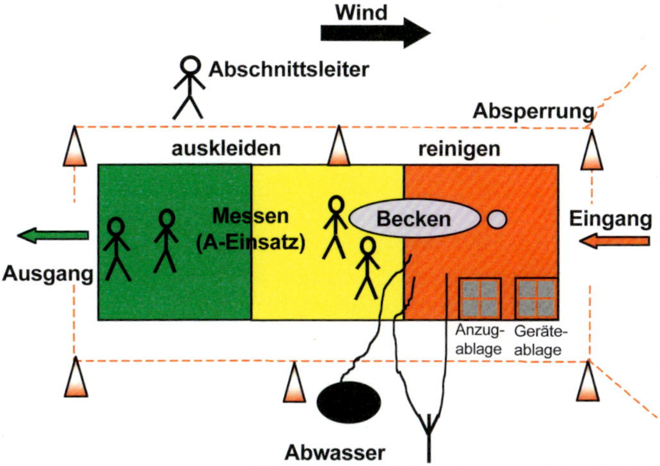

DEKON – ALLGEMEIN | 411

⇒ Platz, wenn möglich, in Gebäude oder Zelt einrichten

⇒ Max. Nullrate von 20 Impulsen pro Sekunde am Nachweisplatz darf nicht überschritten werden

⇒ 2 Trupps in Schutzanzügen (Filmdosimeter, Großflächenzählrohr)

⇒ ! zum Nuklid passendes Zählrohr !

⇒ Nullrate festlegen (Achtung, bei Temperaturen < 5 °C können Zählrohre mit Propan / Butan nicht mehr eingesetzt werden)

⇒ ! Dokumentation führen !

⇒ > 3-fache der Nullrate = Kontamination

⇒ Erste Dekon durch Entfernen der Kleidung, bei Fortbestand der Kontamination → Abwaschen

⇒ Flüssigkeit auffangen

⇒ Abwaschen, trocknen, messen
bis zu 4 mal wiederholen

⇒ Vorstellung bei Facharzt ab 20 mSV Dosis, u./o. Inkorporationsverdacht

⇒ ? Kann Inkorporation ausgeschlossen werden ?
Nein → Bodycounter, Ausscheidungsanalyse

⇒ Alle kontaminierten Gegenstände in Foliensäcke verpacken, Datum, Nuklid

⇒ Freigabe der Einsatzstelle durch Fachbehörde

⇒ Infos z.B. bei Strahlenschutzzentren

⇒ Fachkundige hinzuziehen

⇒ Dekon – Allgemein 411

DEKON – A	412

Alle Maßnahmen in Abstimmung mit Betreiber / Verantwortlichem / LNA / Gesundheitsbehörde / Erlaubnisinhaber / TUIS ?

⇒ Sofortdekon über S-Rohr (Wasser auffangen)

⇒ ? ABC-Einheit ?

⇒ Abschnittsleiter Dekon möglichst Desinfektor

⇒ Dekon innerhalb des Gebäudes oder im Zelt durchführen

⇒ Geeignetes Desinfektionsmittel verwenden (Rettungsdienst?)

⇒ Einwirkzeit beachten

⇒ 1. Desinfizieren
2. Waschen

⇒ Reinigungsflüssigkeit auffangen

⇒ Rettungsdienst → Eigenschutz

⇒ Dekon – Allgemein 411

DEKON – BIO | 413

⇒ **Sofortdekon mittels S-Rohr**

⇒ **! Wasser nicht immer geeignet !**
- TUIS / Fachpersonal hinzuziehen

⇒ **Benzine, Öle, Kohlenwasserstoffe**
➔ Geeignete Reinigungsmedien: z.B. Seifenlösung, Spülmittel, Ölvlies, Putzwolle
Kontrolle mittels Öltestpapier

⇒ **Laugen, Säuren**
➔ Geeignetes Reinigungsmedium: Wasser
Kontrolle mittels Lackmuspapier

⇒ **Staubförmige Stoffe ➔ Staubsauger**

⇒ **Reinigungsflüssigkeit auffangen**

⇒ **Dekon – Allgemein 411**

DEKON – C | 414

- ⇒ ! Kein Fahrzeug unmittelbar vor dem Objekt abstellen ! 50 m Abstand ! Senken beachten !
- ⇒ ! Ex-Schutz beachten ! Nicht klingeln oder andere elektrische Verbraucher benutzen (Handys, Melder, Funk ?!), Umgebung !
- ⇒ Angriffstrupp PA, Ex-Meter
- ⇒ Vor Betreten eines Objektes an Lüftungsöffnungen z.B. Türspalt messen, bei 50 % UEG kein Betreten des Objektes
- ⇒ ! Gefahrenbereich ab 10 % UEG !
- ⇒ Ist tatsächlich Gas vorhanden ? (Messung Methan)
  u.U. ist nur Odorierungsmittel (THT) vorhanden !
  Bau-, Maler- oder sonstige Arbeiten in der Nähe ?
- ⇒ Flüssiggas mit Mittelschaum abdecken
- ⇒ Gaszufuhr absperren
- ⇒ Gebäude räumen 115
  ! Bewohner betreuen lassen. Nachweis führen !
- ⇒ Gebäude belüften 225
- ⇒ Nachbargebäude kontrollieren (u.U. Verbindungen)
- ⇒ Gasversorger verständigen
- ⇒ Flüssiggas-Sicherheitsdienst: 069 / 75 90 91 53
- ⇒ Gas 212
- ⇒ CO 410

GAS-GERUCH / GAS-AUSSTRÖMUNG

415

Die Gefahrnummer besteht aus 2 oder 3 „Ziffern zur Kennzeichnung der Gefahr“, eventuell ergänzt durch den Buchstaben „X“.
Die Verdoppelung der Ziffern 3, 5, 6 und 8 weist auf die Zunahme der entsprechenden Gefahr hin.
Die roten Ziffernkombinationen haben eine besondere Bedeutung.

NR.	BEDEUTUNG
20	erstickendes Gas oder Gas, das keine Nebengefahr aufweist
22	tiefgekühlt verflüssigtes Gas, erstickend
223	tiefgekühlt verflüssigtes Gas, entzündbar
225	tiefgekühlt verflüssigtes Gas, oxidierend (brandfördernd)
23	entzündbares Gas
238	entzündbares Gas, ätzend
239	entzündbares Gas, das spontan zu einer heftigen Reaktion führen kann
25	oxidierendes (brandförderndes) Gas
26	giftiges Gas
263	giftiges Gas, entzündbar
265	giftiges Gas, oxidierend (brandfördernd)
268	giftiges Gas, ätzend
28	ätzendes Gas
30	– entzündbarer flüssiger Stoff (Flammpunkt von 23 °C bis einschließlich 60 °C) oder – entzündbarer flüssiger Stoff oder fester Stoff in geschmolzenem Zustand mit einem Flammpunkt über 60 °C, auf oder über seinen Flammpunkt erwärmt, oder – selbsterhitzungsfähiger flüssiger Stoff
323	entzündbarer flüssiger Stoff, der mit Wasser reagiert und entzündbare Gase bildet
X323	entzündbarer flüssiger Stoff, der mit Wasser gefährlich reagiert* und entzündbare Gase bildet
33	leicht entzündbarer flüssiger Stoff (Flammpunkt unter 23 °C)
333	pyrophorer flüssiger Stoff
X333	pyrophorer flüssiger Stoff, der mit Wasser gefährlich reagiert*
336	leicht entzündbarer flüssiger Stoff, giftig
338	leicht entzündbarer flüssiger Stoff, ätzend
X338	leicht entzündbarer flüssiger Stoff, ätzend, der mit Wasser gefährlich reagiert*
339	leicht entzündbarer flüssiger Stoff, der spontan zu einer heftigen Reaktion führen kann

NR.	BEDEUTUNG
36	entzündbarer flüssiger Stoff (Flammpunkt von 23 °C bis einschließlich 60 °C), schwach giftig, oder selbsterhitzungsfähiger flüssiger Stoff, giftig
362	entzündbarer flüssiger Stoff, giftig, der mit Wasser reagiert und entzündbare Gase bildet
X362	entzündbarer flüssiger Stoff, giftig, der mit Wasser gefährlich reagiert* und entzündbare Gase bildet
368	entzündbarer flüssiger Stoff, giftig, ätzend
38	entzündbarer flüssiger Stoff (Flammpunkt von 23 °C bis einschließlich 60 °C), schwach ätzend, oder selbsterhitzungsfähiger flüssiger Stoff, ätzend
382	entzündbarer flüssiger Stoff, ätzend, der mit Wasser reagiert und entzündbare Gase bildet
X382	entzündbarer flüssiger Stoff, ätzend, der mit Wasser gefährlich reagiert* und entzündbare Gase bildet
39	entzündbarer flüssiger Stoff, der spontan zu einer heftigen Reaktion führen kann
40	entzündbarer fester Stoff oder selbsterhitzungsfähiger Stoff oder selbstzersetzlicher Stoff oder polymerisierender Stoff
423	fester Stoff, der mit Wasser reagiert und entzündbare Gase bildet, oder entzündbarer fester Stoff, der mit Wasser reagiert und entzündbare Gase bildet, oder selbsterhitzungsfähiger fester Stoff, der mit Wasser reagiert und entzündbare Gase bildet
X423	fester Stoff, der mit Wasser gefährlich reagiert* und entzündbare Gase bildet, oder entzündbarer fester Stoff, der mit Wasser gefährlich reagiert* und entzündbare Gase bildet, oder selbsterhitzungsfähiger fester Stoff, der mit Wasser gefährlich reagiert* und entzündbare Gase bildet
43	selbstentzündlicher (pyrophorer) fester Stoff
X432	selbstentzündlicher (pyrophorer) fester Stoff, der mit Wasser gefährlich reagiert* und entzündbare Gase bildet
44	entzündbarer fester Stoff, der sich bei erhöhter Temperatur in geschmolzenem Zustand befindet
446	entzündbarer fester Stoff, giftig, der sich bei erhöhter Temperatur in geschmolzenem Zustand befindet
46	entzündbarer oder selbsterhitzungsfähiger fester Stoff, giftig
462	fester Stoff, giftig, der mit Wasser reagiert und entzündbare Gase bildet
X462	fester Stoff, der mit Wasser gefährlich reagiert* u. giftige Gase bildet
48	entzündbarer oder selbsterhitzungsfähiger fester Stoff, ätzend

NR.	BEDEUTUNG
482	fester Stoff, ätzend, der mit Wasser reagiert und entzündbare Gase bildet
X482	fester Stoff, der mit Wasser gefährlich reagiert* und ätzende Gase bildet
50	oxidierender (brandfördernder) Stoff
539	entzündbares organisches Peroxid
55	stark oxidierender (brandfördernder) Stoff
556	stark oxidierender (brandfördernder) Stoff, giftig
558	stark oxidierender (brandfördernder) Stoff, ätzend
559	stark oxidierender (brandfördernder) Stoff, der spontan zu einer heftigen Reaktion führen kann
56	oxidierender (brandfördernder) Stoff, giftig
568	oxidierender (brandfördernder) Stoff, giftig, ätzend
58	oxidierender (brandfördernder) Stoff, ätzend
59	oxidierender (brandfördernder) Stoff, der spontan zu einer heftigen Reaktion führen kann
60	giftiger oder schwach giftiger Stoff
606	ansteckungsgefährlicher Stoff
623	giftiger flüssiger Stoff, der mit Wasser reagiert und entzündbare Gase bildet
63	giftiger Stoff, entzündbar (Flammpunkt von 23 °C bis einschließlich 60 °C)
638	giftiger Stoff, entzündbar (Flammpunkt von 23 °C bis einschließlich 60 °C), ätzend
639	giftiger Stoff, entzündbar (Flammpunkt nicht über 60 °C), der spontan zu einer heftigen Reaktion führen kann
64	giftiger fester Stoff, entzündbar oder selbsterhitzungsfähig
642	giftiger fester Stoff, der mit Wasser reagiert und entzündbare Gase bildet
65	giftiger Stoff, oxidierend (brandfördernd)
66	sehr giftiger Stoff
663	sehr giftiger Stoff, entzündbar (Flammpunkt nicht über 60 °C)
664	sehr giftiger fester Stoff, entzündbar oder selbsterhitzungsfähig
665	sehr giftiger Stoff, oxidierend (brandfördernd)
668	sehr giftiger Stoff, ätzend
X668	sehr giftiger Stoff, ätzend, der mit Wasser gefährlich reagiert*
669	sehr giftiger Stoff, der spontan zu einer heftigen Reaktion führen kann
68	giftiger Stoff, ätzend
69	giftiger oder schwach giftiger Stoff, der spontan zu einer heftigen Reaktion führen kann

NR.	BEDEUTUNG
70	radioaktiver Stoff
768	radioaktiver Stoff, giftig, ätzend
78	radioaktiver Stoff, ätzend
80	ätzender oder schwach ätzender Stoff
X80	ätzender oder schwach ätzender Stoff, der mit Wasser gefährlich reagiert*
823	ätzender flüssiger Stoff, der mit Wasser reagiert und entzündbare Gase bildet
83	ätzender oder schwach ätzender Stoff, entzündbar (Flammpunkt von 23 °C bis einschließlich 60 °C)
X83	ätzender oder schwach ätzender Stoff, entzündbar (Flammpunkt von 23 °C bis einschließlich 60 °C), der mit Wasser gefährlich reagiert*
836	ätzender oder schwach ätzender Stoff, entzündbar (Flammpunkt von 23 °C bis einschließlich 60 °C) und giftig
839	ätzender oder schwach ätzender Stoff, entzündbar (Flammpunkt von 23 °C bis einschließlich 60 °C), der spontan zu einer heftigen Reaktion führen kann
X839	ätzender oder schwach ätzender Stoff, entzündbar (Flammpunkt von 23 °C bis einschließlich 60 °C), der spontan zu einer heftigen Reaktion führen kann und der mit Wasser gefährlich reagiert*
84	ätzender fester Stoff, entzündbar oder selbsterhitzungsfähig
842	ätzender fester Stoff, der mit Wasser reagiert und entzündbare Gase bildet
85	ätzender oder schwach ätzender Stoff, oxidierend (brandfördernd)
856	ätzender oder schwach ätzender Stoff, oxidierend (brandfördernd) und giftig
86	ätzender oder schwach ätzender Stoff, giftig
88	stark ätzender Stoff
X88	stark ätzender Stoff, der mit Wasser gefährlich reagiert*
883	stark ätzender Stoff, entzündbar (Flammpunkt von 23 °C bis einschließlich 60 °C)
884	stark ätzender fester Stoff, entzündbar oder selbsterhitzungsfähig
885	stark ätzender Stoff, oxidierend (brandfördernd)
886	stark ätzender Stoff, giftig
X886	stark ätzender Stoff, giftig, der mit Wasser gefährlich reagiert*
89	ätzender oder schwach ätzender Stoff, der spontan zu einer heftigen Reaktion führen kann
90	– umweltgefährdender Stoff – verschiedene gefährliche Stoffe
99	verschiedene gefährliche erwärmte Stoffe

** Wasser darf nur im Einverständnis mit Sachverständigen verwendet werden.*

GEFAHRNUMMERN (4) — 419

⇒ Probe nehmen (Glasgefäß, dokumentieren)

⇒ ! Fotos !

⇒ Stoffidentifikation 438

⇒ Ursache / Ausmaß ermitteln → ? Drohne ?

⇒ Betriebe, die unterhalb der Einleitung Wasser entnehmen, verständigen

⇒ u.U. mit Wärmebildkamera kontrollieren

⇒ Bei Fischsterben tote Fische einsammeln

⇒ Bei Ölsperren Standort so wählen, dass mit Saugwagen angefahren werden kann

⇒ Zuständige Wasserbehörde, Ordnungsbehörde, Umweltamt, Klärwerk verständigen

⇒ Öl- und Giftalarmplan beachten

⇒ Presse 114

⇒ Ölsperre 436

Kennfarben Gasflaschen

Gase	Eigenschaften	Schulterfarbe
Ammoniak, Chlor, Arsin, Fluor, Stickoxid, Kohlenmonoxid (CO), Schwefeldioxid	giftig und / oder ätzend	gelb
Wasserstoff, Methan, Ethylen, Formiergas, Stickstoff- / Wasserstoffgemisch	entzündbar	rot
Sauerstoffgemische, Lachgasgemische	oxidierend (brandfördernd)	hellblau
Krypton, Xenon, Neon, technische Druckluft, Schweißschutzgasgemische	erstickend	leuchtendes Grün
Acetylen	brennbar	kastanienbraun
Sauerstoff	oxidierend (brandfördernd)	weiß
Lachgas (Distickstoffoxid)	oxidierend (brandfördernd)	blau
Argon	erstickend	dunkelgrün
Stickstoff	erstickend	schwarz
Kohlendioxid	giftig, Löschmittel	grau
Helium	erstickend	braun
Inhalationsgemische		
synthetische Luft / Druckluft für Atemzwecke, Sauerstoffgehalt 20 bis 23 %		weiß / schwarz
Gemisch Sauerstoff / Helium		weiß / braun
Gemisch Sauerstoff / Kohlendioxid		weiß / grau
Gemisch Sauerstoff / Distickstoffoxid		weiß / blau

KENNFARBEN –
GASFLASCHEN

421

Kennfarben Rohrleitungen

Wasser	grün	
Wasserdampf	rot	
Luft	grau	
Brennbare Gase	gelb mit Zusatzfarbe rot	
Nicht brennbare Gase	gelb mit Zusatzfarbe schwarz	
Säuren	orange	
Laugen	violett	
Brennbare Flüssigkeiten + Feststoffe	braun mit Zusatzfarbe rot	
Nicht brennbare Flüssigkeiten + Feststoffe	braun mit Zusatzfarbe schwarz	
Sauerstoff	blau	

ACHTUNG: u.U. wird in Firmen die DIN nicht eingehalten !

	**EXPLOSIONSGEFÄHRLICH** instabile explosive Stoffe, explosive Stoffe, selbstzersetzliche Stoffe, organische Peroxide
	**LEICHT- / HOCHENTZÜNDLICH** Aerosole, Gase, Flüssigkeiten und Feststoffe, selbsterhitzungsfähig, selbstzersetzlich, selbstentzündlich, organische Peroxide
	**BRANDFÖRDERND** entzündend (oxidierend) wirkende Gase, Flüssigkeiten und Feststoffe
	**KOMPRIMIERTE GASE** unter Druck verdichtete, verflüssigte, tiefkalt verflüssigte und gelöste Gase
	**ÄTZEND** hautätzend, auf Metalle korrosiv wirkend, schwere Augenschädigung
	**GIFTIG / SEHR GIFTIG** bei Berührung, oraler Aufnahme und Inhalation giftig bzw. sehr giftige Stoffe
	**GESUNDHEITSGEFÄHRDEND** hautsensibilisierend, hautreizend, augenreizend, atemwegsreizend, betäubende Wirkung
	**GESUNDHEITSSCHÄDLICH** erbgutverändernd, krebserzeugend, krebsfördernd, atemwegssensibilisierend, fortpflanzungsgefährdend
	**UMWELTGEFÄHRDEND** gewässergefährdend, ozonschichtgefährdend

Gefahren werden durch Text näher beschrieben

KENNZEICHNUNG – GHS

423

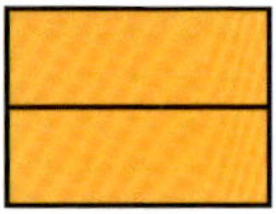

mehrere Stoffe in verschiedenen Tanks oder Stückgut

umweltgefährdende Stoffe/ Meeresschadstoffe

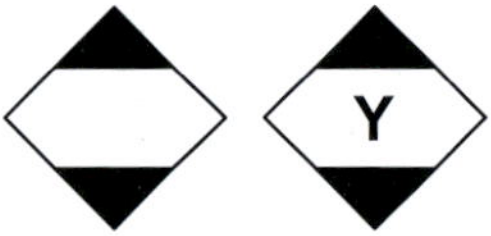

begrenzte Mengen

freigestellte Mengen

* Nummer des ersten oder einzigen Gefahrzettels

** ggf. Name des Absenders oder Empfängers

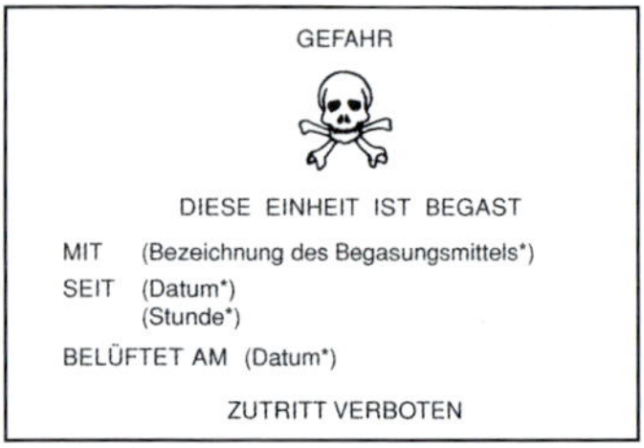

begaste Einheit, nur von unterwiesenen Personen zu öffnen !

* entsprechende Angaben einfügen

* Erstickungswarnkennzeichen mit Trockeneis (UN 1845) oder einem Stoff als Kühlmittel bzw. Konditionierungsmittel

⇒ Abstand Fernglas !

⇒ Im Brandfall Evakuierung / Räumung prüfen

Klasse	Gefahrzettel	Stoffe und Gegenstände	Abstände: E-Kräfte mit Deckung	Abstände: E-Kräfte ohne Deckung	Abstände: Unbeteiligte
1.1		die massenexplosionsgefährlich sind	200 m	300 m	1.000 m
1.2		bei denen die Gefahr der Bildung von Splittern besteht	200 m	300 m	1.000 m
1.3		bei denen die Wahrscheinlichkeit einer Explosion sehr gering ist	60 m	200 m	1.000 m
1.4		mit geringer Explosionsgefahr, Auswirkungen bleiben auf das Versandstück beschränkt	10 m	25 m	100 m
1.5		bei denen die Wahrscheinlichkeit einer Explosion sehr gering ist	200 m	300 m	1.000 m
1.6		extrem unempfindliche Güter, die nicht massenexplosionsgefährlich sind	200 m	300 m	1.000 m

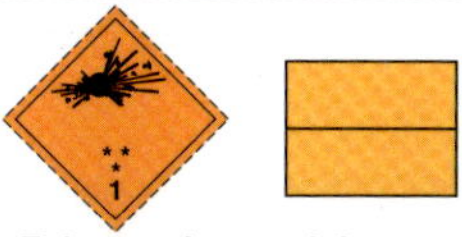

Fahrzeugkennzeichnung

⇒ Munition 220

KLASSE 1

EXPLOSIONSGEFÄHRLICHE STOFFE

425

⇒ ! <u>Mind. 50 m Abstand</u> ! bei Feuer größer, Gas 212

⇒ hydraulische Ventilation

⇒ ! Ex-Schutz !

⇒ Windrichtung und Wechsel beachten

⇒ ! Senken und tiefer liegende Stellen beachten !

⇒ Gas u.U. mit Wärmebildkamera sichtbar

⇒ Nicht in Flüssigkeit spritzen

⇒ Flüssigkeit mit Schaum 221 abdecken

⇒ Im Brandfall Behälter kühlen, Stirnseiten gefährdeter Bereich !

⇒ Flüssiggas-Sicherheitsdienst (FSD) 069 / 75 90 91 53

Schutzkleidung:
mind. PA bei Gefahrzahl 26 und 28 CSA
bei Gefahrzahl 22 Temperatur beachten (tiefkalt) !

Bei Gefahrzahl 23 im Brandfall hohe Explosions-/Berstgefahr

nicht entzündbar nicht giftig	entzündbar	oxidierend	giftig	ätzend
20	23	25	26	28

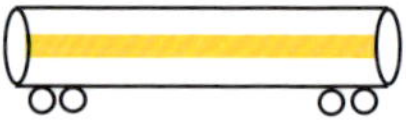

Eisenbahnkesselwagen
(Gas unter Druck)

KLASSE 2
GASFÖRMIGE STOFFE

426

⇒ ! Windrichtung beachten !

⇒ ! Senken und tiefer liegende Stellen beachten !

⇒ Gefahrenbereich 50 m, Absperrbereich 300 m

⇒ Ex-Schutz / Überwachung

⇒ 3-fachen Löschangriff aufbauen (Pulver, Wasser, Schaum 221)

⇒ ! Bindemittel → Dortwirkung !

⇒ Abdichten 402, Auffangen 406, Umpumpen 441

⇒ Bei Brand massiv Schaum + Pulver, Tankzug 226

⇒ Löschwasserrückhaltung 435

⇒ Zuständige Behörde, Klärwerk

⇒ Öl-Giftalarmplan beachten

⇒ Presse 114

Schutzkleidung:
mind. Ölschutzkleidung / u.U. CSA
Achtung ! Dochtwirkung bei Stoffkleidung !
Flammpunkte gelten nicht mehr !

Auffangbehälter etc. nach Möglichkeit aus Metall verwenden

33	Flammpunkt < 23 °C
30	Flammpunkt ≥ 23 °C, ≤ 60 °C

KLASSE 3

ENTZÜNDBARE FLÜSSIGE STOFFE

427

⇒ ! <u>50 m Abstand</u> !

⇒ **Stoffidentifikation 438**

⇒ **TUIS**

⇒ **Ex-Gefahr bei Erhitzung → Wärmebildkamera**

⇒ **3-fachen Löschangriff aufbauen (Pulver, Wasser, Schaum 221, Netzmittel)**

⇒ **Verpuffungsgefahr bei staubförmigen Stoffen**

⇒ **Brandgase meist giftig**

Schutzkleidung: mind. Atemschutz

Klasse 4.1

Entzündbare feste Stoffe
auch: selbstzersetzliche Stoffe polymerisierende Stoffe und desensibilisierte explosive feste Stoffe

Explosionsgefahr

Klasse 4.2

Selbstentzündliche Stoffe

Zutritt von Sauerstoff verhindern

Klasse 4.3

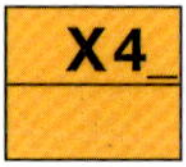

Stoffe, die in Berührung mit Wasser entzündbare Gase entwickeln

Reaktion mit Wasser möglich
Löschmittel, z.B. trockener Sand (unter Gehsteigplatten) oder Zement – Baumärkte

KLASSEN 4.1, 4.2, 4.3
ENTZÜNDBARE FESTE STOFFE

428

⇒ ! <u>50 m Abstand</u> !

⇒ ! u.U. Ex-Gefahr bzw. explosionsartiger Brandverlauf !

⇒ TUIS

⇒ Im Brandfall große Wassermenge aus Entfernung / Deckung (Werfer !)

⇒ Kühlung der Behälter aufrechterhalten

⇒ Keine organischen / brennbaren Bindemittel verwenden

⇒ Löschen durch Ersticken i.d.R. nicht möglich

Schutzkleidung: mind. Atemschutz

Klasse 5.1

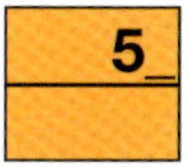

Entzündend (oxidierend) wirkender Stoff

Organisches Peroxid

Energieeinwirkung durch z.B. Druck, Stoß, Reibung, Erwärmung verhindern!

Klasse 5.2

Entzündbares organisches Peroxid

KLASSEN 5.1, 5.2

ENTZÜNDEND WIRKENDE STOFFE

429

⇒ ! <u>50 m Abstand</u> !

⇒ Giftnotrufzentrale siehe Telefonliste 118/119

⇒ Ausbreitung verhindern, Schächte, Keller etc. beachten

⇒ BIO 408

⇒ Gesundheitsamt

⇒ Löschwasserrückhaltung 435

⇒ Dämpfe und Stäube niederschlagen

Giftige Gase und Dämpfe können geruchlos sein bzw. die Geruchsnerven betäuben

Schutzkleidung: CSA, mind. Atemschutz

Klasse 6.1

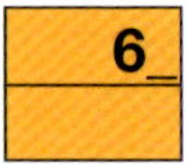

Giftige Stoffe

Vergiftungserscheinungen können u.U. erst nach einiger Zeit auftreten!

Klasse 6.2

Ansteckungsgefährliche Stoffe

nur 5 UN-Nummern:
2814: Gefahr für Menschen
2900: Gefahr für Tiere
3291: Klinischer Abfall
3373: Biologischer Stoff
3549: Medizinischer Abfall, Gefahr für Menschen und Tiere

KLASSEN 6.1, 6.2

GIFTIGE / ANSTECKUNGSGEFÄHRLICHE (INFEKTIÖSE) STOFFE

430

⇒ **A-Einsatz 403, 404**

⇒ **! Abstand im Freien 50 m oder 5 m vor Eingang !**

⇒ **Alle Personen im Gefahrenbereich zum Kontaminationsnachweis (Dekon A)**

⇒ **Unbeschädigte Verpackung niemals öffnen**

⇒ **Arbeitsschutzbehörde hinzuziehen**

Schutzkleidung: zur Menschenrettung mind. Atemschutz + Schutzstufe II oder III

Kennz. Versandstücke: Art des Strahlers und bei Kat. II und III Transportkennzahl x 10 = Dosisleistung in µSv/h in 1 m Entfernung

Gefahr, wenn Paket zu	keine Gefahr	Strahlenwirkung auf Entfernung	
Paket offen	Kontamination	Strahlung und Kontamination	
max. Dosisleistung Außenseite	5 µSv/h	0,5 mSv/h	2 mSv/h
bei Lieferung an nur eine Adresse			10 mSv/h

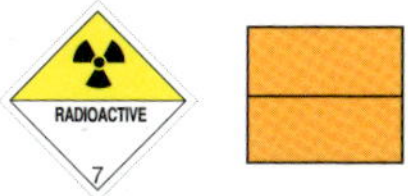

Fahrzeugkennzeichnung

KLASSE 7
RADIOAKTIVE STOFFE
431

⇒ ! <u>50 m Abstand</u> !

⇒ ! Ex-Schutz beachten !
Wasserstoffbildung bei Reaktionen mit Säure und Metall möglich

⇒ organische Säuren → brennbar !

⇒ Als Auffangbehälter Kunststoff verwenden

⇒ Nur geeignete Bindemittel verwenden
<u>bei organischen Bindemitteln Reaktionsgefahr</u>

⇒ u.U. heftige Reaktionen mit Wasser möglich

⇒ Gummistiefel und Gummihandschuhe verwenden

⇒ u.U. lange Latenzzeiten möglich

⇒ Verdünnen nur mit sehr großen Wassermengen möglich (1:100.000)

⇒ Schächte, Kanäle, Keller beachten

Schutzkleidung: CSA, mind. Atemschutz

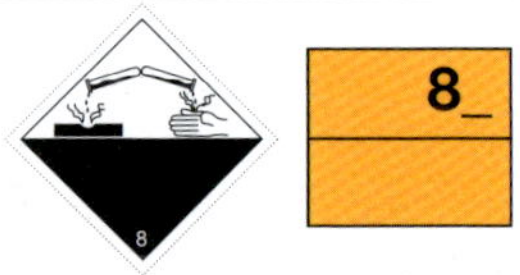

Fahrzeugkennzeichnung

KLASSE 8

ÄTZENDE STOFFE

432

Alle Stoffe, die sich nicht in eine andere Klasse einordnen lassen

⇒ 9 als 1. Ziffer ➔ umweltgefährdender oder erwärmter Stoff

⇒ 9 als 2. o. 3. Ziffer ➔ Gefahr einer spontanen, heftigen Reaktion

Beispiele: Asbest, Stoffe, die im Brandfall Dioxine bilden, Lithiumbatterien, Airbag-Module, Stoffe, die entzündbare Dämpfe abgeben

Schutzkleidung: mind. Atemschutz

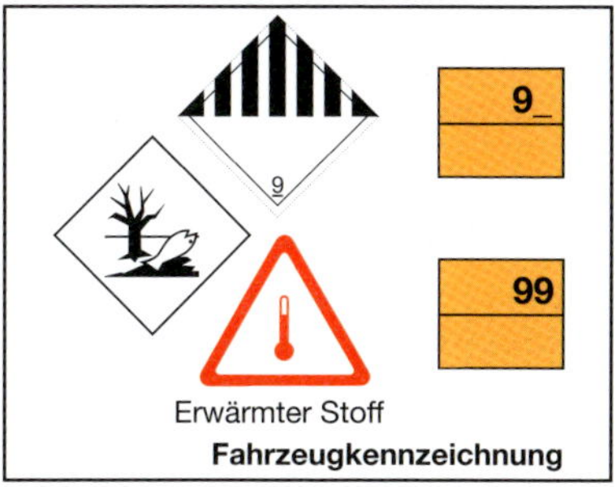

99 → Erwärmter Stoff:

- **Stoffe mit Temperatur ≥ 100 °C (sofern diese einen Flammpunkt haben, bei einer Temperatur unter ihrem Flammpunkt)**
- **Stoffe mit Temperatur ≥ 240 °C**

Gefahrzahl 90, UN 3245 ➔ gentechnisch veränderte Organismen

⇒ ! 50 m Abstand !

⇒ Stoffidentifikation 438

⇒ Bei unbekannten Stoffen Vorsicht beim Einsatz von Bindemitteln (Reaktionsgefahr)

⇒ ! Ex-Schutz / Überwachung !

⇒ 3-fachen Löschangriff aufbauen (Pulver, Wasser, Schaum 221)

⇒ Schächte, Kanäle, Senken beachten

⇒ Trupp unter CSA bzw. Spritzschutz (Dochtwirkung bei entzündbaren Flüssigkeiten !)

⇒ Abdichten 402, Auffangen 406, Umpumpen 441

⇒ Wenn möglich und erforderlich, mit Mittelschaum 221 abdecken (Dampfsperre)

⇒ Sofortmeldung 117 ?

⇒ Warnung der Bevölkerung 120 ?

⇒ Zuständige Wasserbehörde, Klärwerk, Ordnungsbehörde

⇒ TUIS

⇒ ABC – im Gebäude 401, Dekon 411, 412, 413, 414

LECKAGE	434

- ⇒ **Wasserproben entnehmen**
- ⇒ **? pH-Wert ?**
- ⇒ **Zum Dichtsetzen von Kanälen möglichst Bypass-Kissen verwenden !**

  Hanglage beachten → Rückstau !
- ⇒ **Zugangsmöglichkeit für Saugwagen muss gegeben sein**
- ⇒ **Wenn möglich, Löschwasserrecycling**
- ⇒ **Möglichst „natürliche Auffangmöglichkeiten" nutzen** (z.B. Kanalisation, mit Folie ausgelegte Gräben, von Mauern eingegrenztes Gelände)
- ⇒ **Welche Brandprodukte ?**
- ⇒ **Tiefbauamt (Kanalpläne), zuständige Wasserbehörde, Klärwerk, Umweltbehörde**
- ⇒ **Ölwehrunternehmen (24-h-Bereitschaft)**

- ⇒ **Resttiefe des Gewässers mind. 1/3**
- ⇒ **Fließgeschwindigkeit, Uferbeschaffenheit und Zugangsmöglichkeit beachten**
- ⇒ **Sperre parallel zum Ufer bauen, dann einziehen (gestrichelte Linie in der Skizze)**
- ⇒ **Uferbereich mit Fließtüchern, Folie o.ä. schützen**
- ⇒ **Einsatz von schwimmfähigen Bindemitteln aus Umweltschutzgründen sorgfältig prüfen !**

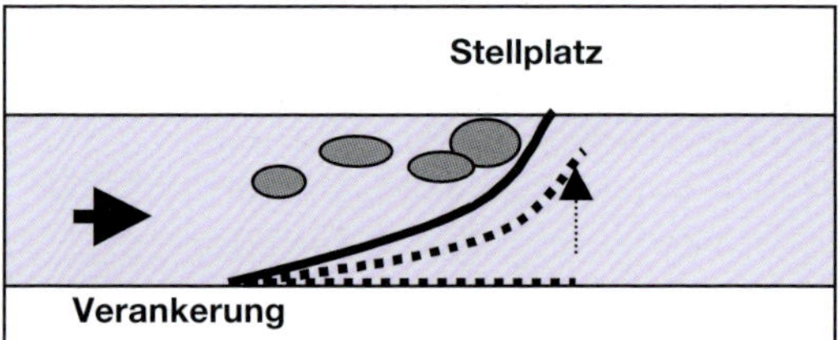

Je höher die Fließgeschwindigkeit, desto spitzer der Einbringwinkel

- ⇒ **Wenn möglich und nötig, mehrere Sperren hintereinander errichten. Mindestabstand zwischen den Sperren = 6 m**
- ⇒ **Behelf: mit Pressluft oder Abgas gefüllte Schläuche**

ÖLSPERRE 436

⇒ **Alle verwendeten Geräte müssen leitend miteinander verbunden werden, um ein statisches Aufladen zu vermeiden**

⇒ **Erst die Saugseite anschließen, dann die Druckseite**

⇒ **Geeignete Erdungspunkte: Blitzableiter, Leitplanken, Hydranten (geflutet), bei trockenem Boden mit Wasser angießen**

! <u>Eine Magnetverbindung ist ungeeignet</u> !

⇒ **Möglichst Metallbehälter, große Schlauchdurchmesser, niedrige Förderströme und keinen freien Auslauf verwenden**

⇒ **Bei Kunststoffbehältern Kupferlitze in die Flüssigkeit hängen, sofern sie nicht mit dieser reagiert**

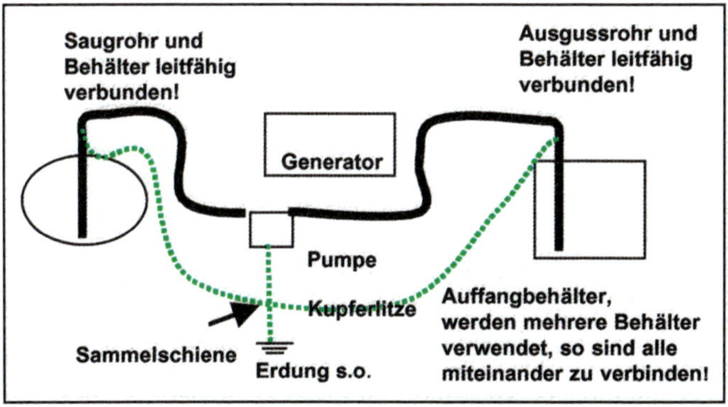

POTENTIALAUSGLEICH | 437

- ⇒ Frachtpapiere, Unfallmerkblätter im Fahrerhaus / Lok, Sicherheitsdatenblätter (Arbeitsplatz)
- ⇒ Ist Identifikation über Messtechnik nötig, Probe mit Eimer oder Mulde nehmen (Edelstahl) und außerhalb des unmittelbaren Gefahrenbereichs arbeiten ! Ebenfalls Versuche mit Bindemittel bzw. Löschmittel möglich
- ⇒ UN-Nr. ______
- ⇒ Gefahr-Nr. ______
- ⇒ Gefahrklasse GGVSEB ______
- ⇒ Ex-Messung (brennbar ja / nein) ______
- ⇒ Lackmuspapier (pH-Wert, Säure, Lauge) ______
- ⇒ Polytest ______
- ⇒ Prüfröhrchen gem. Schema ______
- ⇒ Wassernachweispaste ______
- ⇒ Öltestpapier ______
- ⇒ Farbe ______
- ⇒ Aggregatzustand ______
- ⇒ Konsistenz ______
- ⇒ ABC-Erkunder (IMS, PID)
- ⇒ Strahlenmessgeräte
- ⇒ TUIS
- ⇒ Nachschlagewerke: z.B. Gefahrgut-Ersteinsatz, Hommel, Six
- ⇒ Datenbanken
- ⇒ ATF

⇒ Auf der Anfahrt Windrichtung beachten !

⇒ ! 50 m Abstand !

⇒ Stoffidentifikation 438

⇒ Frachtpapiere im Fahrerhaus

⇒ Erkundung der Ladefläche möglichst von den Seiten her, ohne die Bracken zu öffnen → Flüssigkeit !

⇒ 3-fachen Löschangriff aufbauen (Wasser, Pulver, Schaum 221)

⇒ Inneren und äußeren Absperrbereich bilden

⇒ Öffnen der Ladefläche / des Containers nur unter Schutzkleidung (CSA) / Container u.U. flüssigkeitsdicht !

⇒ Kanäle vorher dichtsetzen !

⇒ Ordnungsbehörde, Wasserbehörde, Umweltamt, Klärwerk ?

⇒ Sofortmeldung 117

⇒ Warnung der Bevölkerung 120

⇒ Presse 114

STÜCKGUT / CONTAINER AUF LKW

439

⇒ ! Auf der Anfahrt Windrichtung beachten !
⇒ ! 50 m Abstand !
⇒ Ex-Schutz
⇒ ! Senken und tiefer liegende Stellen beachten !
⇒ Frachtpapiere im Fahrerhaus
⇒ Stoffidentifikation 438
⇒ TUIS
⇒ Füllstand mit Wärmebildkamera kontrollieren
⇒ Gefahrenbereich und Absperrbereich bilden
⇒ Auffangen 406, Abdichten 402, Umpumpen 441
⇒ Ex-Überwachung
⇒ 3-fachen Löschangriff aufbauen (Pulver, Wasser, Schaum 221)
⇒ ! Bindemittel erhöht u.U. die Entzündbarkeit !
⇒ Bei entzündbaren Flüssigkeiten Ölschutz-Anzüge
⇒ Schächte, Gruben, Kanäle und Oberflächengewässer kontrollieren
⇒ Ordnungsbehörde, zuständige Wasserbehörde, Umweltamt, Klärwerk ?
⇒ Sofortmeldung 117
⇒ Warnung der Bevölkerung 120
⇒ Presse 114

TANKZUG (ABC) 440

- ⇒ **Potentialausgleich 437**
- ⇒ **Pumpen und Behälter mit Folie unterlegen**
- ⇒ **Absperrorgane zwischenschalten**
- ⇒ **Beständigkeiten / Ex-Schutz beachten / Ex-Überwachung**
- ⇒ **Be- und Entlüftung der Behälter beachten**
- ⇒ **Große Schlauchdurchmesser und geringe Förderleistung wählen → statische Aufladung**
- ⇒ **Freies Auslaufen der Flüssigkeit vermeiden → Auslaufrohr verwenden**
- ⇒ **Schlauchpumpe**
  - Q_{max} = 150 l/min = 9 m^3/h bei Stufe 1, p_{max} = 2 bar
  - Q_{max} = 300 l/min = 18 m^3/h bei Stufe 2, p_{max} = 2 bar
  - Zulassung für Stoffe der Klassen 3, 6.1, 8
    EEx d II T3, Zone 1, 2
  - kann zähflüssige Medien fördern / Pulsator verwenden!
- ⇒ **Handmembranpumpe**
  - Q_{max} = 100 l/min (3,5 l/Hub) bei 2 Personen
  - Zulassung für Stoffe der Klassen 3, 6.1, 8
    Zone 0, 1, 2
- ⇒ **Fasspumpe**
  - Q_{max} = 115 l/min
  - Edelstahlpumpwerk: Klassen 3, 6.1, 8
    EEx de II B T4 Zone 0, 1, 2
  - Gelbes PP-Pumpwerk nicht für entzündbare Flüssigkeiten, kein Ex-Schutz ! Klassen 6.1, 8

UMPUMPEN VON FLÜSSIGKEITEN | 441

Notizen

442